庭暮らしのススメ

失敗しない庭づくり

編著者—豊藏 均

建築資料研究社

庭暮らしのススメ　失敗しない庭づくり　目次

庭の明かりを探る　105

庭暮らしの雑貨たち　119

庭を育み守る　福岡徹　133

はじめに

「庭」の一字から連想されるものといえば、一般的に京都の寺社仏閣に付随した中世から近代にかけて生まれた庭園だろう。もしくは東京に残る「大名庭園」もそうだ。また、カレンダーでよく見かける枯山水庭園や池で泳ぐ錦鯉であったり、紅葉した庭を背景に立つ着物姿の女性だったりもするだろう。さらに、貴族や富豪たちの権威の象徴だという印象も拭えない。いずれにしても「庭」は、庶民の手の届かない高嶺の花であり、日常の暮らしからかけ離れた、別世界だと思われているのは間違いないだろう。

なぜこのような非現実な世界へと庭を追いやってしまったのだろうか。

庭は、その時代の様相を映し出し、人々の生き方を浮き彫りにするように時代の変化とともに姿を変えてきた。ところが、現在の庭づくりは、社会の変化に眼を閉ざし、「伝統」の二字ばかりにこだわり続け、形ばかりをコピーしてきたように思えてならない。定着したイメージ、つまり固定観念というか既成概念に従ってきただけのように思える。

今の世の中、昔とは比べようもないほど社会環境は激変し複雑化した。しかも経済優先社会となり、コスト重視の合理主義を基にした利益至上主義が台頭してきている。身の回りには工業的大量生産のモノがあふれ、その対極にある庭づくりを含む手仕事の世界にもその波は押し寄せてきた。このため職人たちが得意とする手仕事は減少してきた。その上、世代交代が進み、多くの庭が取り壊されてきた。だからといって庭の存在自体が社会から否定されたわけではない。たとえスペースが縮小したとしてもデザインが変わろうと庭づくりは続いている。ただ、「ガーデニング」とカタカナで呼ばれるようになった。

近年、目に余るのが、この利益至上主義。その一例が、昨今の自動車メーカーによる燃費偽装問題。利益追求への圧力が現場を追い込み、不正を働かせた実態を浮き彫りにした。そこには高い代金を支払った消費者への責任感が欠落している。不正をしたメーカーの特別調査委員会の報告書は「どのようなクルマづくりを目指すのかという理念が後回しにされた」と指摘する。

クルマにしろ庭にしろ、つくることが目的ではない、それは手段である。目的は、庭をつくることで変わる「暮らしぶり」をどうするかであり、日々の暮らしに心豊かさを取り戻すことだ。

本書は、作庭界の若手職人ならびにガーデナーに向けた実践的な資料集である。十のテーマに添った基本技術の勘どころを、作庭界の第一線で活躍中の十六人の実務者の方々に実例とともに解説していただいている。

本書の狙いは、既成概念でいう「見る庭」から「使う庭」へとシフトチェンジさせ、さらに「庭に暮らす」へと思考をシフトアップすることである。また副題を「失敗しない庭づくり」としたのは、庭づくりを夢見る一般の方々が、本書を手に取り、技術の優劣を分別していただきたいからであり、これが本書刊行のもう一つの目的である。庭づくりは、言葉と文章とスケッチといったプレゼンテーションはもちろん大切だが、要は結果がすべてで、基本技術の有無は侮れない。本書がそれを見極める判断基準の一つとなり、庭に新たな価値観を見い出していただけたらありがたい。

編著者　豊藏 均

水から始まる庭暮らし

水の有無は、人がその地で暮らすための絶対必需条件。それは私たちの命をつなぎ構成しているのが水そのものだからだ。この地球自体も水で覆われ、宇宙的にみて非常にバランスが取れた奇跡の「水の惑星」といわれる。水は穏やかであれば生命を育ませるが、猛り狂えば生命をいとも簡単に奪い去る。生命の起源はもちろん、すべての文明の始まりも水に行き着く。だから本書も「水」のある庭から始めよう。日々を送る暮らしの場へ水の存在感が欠ければ、文字通り無味乾燥な場と化す。さりとてかつてのように肩肘を張った瀧や池であれば、現代では重苦しく感じるだろう。そこで、形式に束縛されない水のある庭２題と、庭暮らしに欠かせない基本アイテムの立水栓２題を紹介する。

写真＝芦田さんの庭（京都市）／写真＝大北宏貴

泉のある暮らし

芦田さんの庭（京都市）

作庭＝大北 望
写真＝大北宏貴

❶ 日本家屋の特長である横長の開口部を広く確保した玄関ホールからの眺め

わが国は、山紫水明の地。緑豊かな麗しの国。アジアモンスーンがもたらす多くの雨は多種多様な植物を潤し、育みながら水の循環が豊かな生態系を生み出してきた。古来から庭に「水」を用いてきたのは、暮らしを心地よく過ごすのが目的であり、人々の理想と憧れだった。本来、庭は「静」。ひとたび水を流せば、風景は一転し「動」へとドラマチックに大変化する。

水は数ある庭づくりのアイテムの中で唯一〝無色無形〟の特異性を持ち、その扱い方しだいで、どのような形にもなり、変化させることができる。だからおもしろい、だから魅力的。

現代には現代の水の庭があって当然。そこには制約もなく自由。それだけに困難と労苦が伴う。そんな多彩で一筋縄でいかぬ「水のある暮らし」に挑戦し続ける価値は大きい。

大北 望

❷ リビングルームの正面に見えるのが、水と緑に包まれた庭空間　❸ 庭の構成は山里の空気感を伝え、そのムードはとても住宅街とは思えない　❹ 泉は、伏流水が湧き出すさまをイメージしながらつくっている

水をより清らかに

大北 望

京都市北東方の霊峰、比叡山を望む風光明媚な地にこの住宅はある。三方を深い山々に囲まれた京都盆地。東は比叡山、その山越えには大湖、琵琶湖がある。

西は名勝、嵐山から奥へ保津川渓谷。北は遥か日本海にまで連なる山々。この山深い地に降り注ぐ多量の恵みの雨が地中深く浸透し数十年数百年の歳月を経て浄化され濾過され、一滴の淀みない清涼な伏流水が湧水となってコンコンとこの地に湧き出す。この湧水は未来永劫涸れることがない。この庭の「泉」にはそんなストーリーを込めている。瀧や流れなど庭に水を流すのにはあるていどの落差、高低差がなければおもしろく

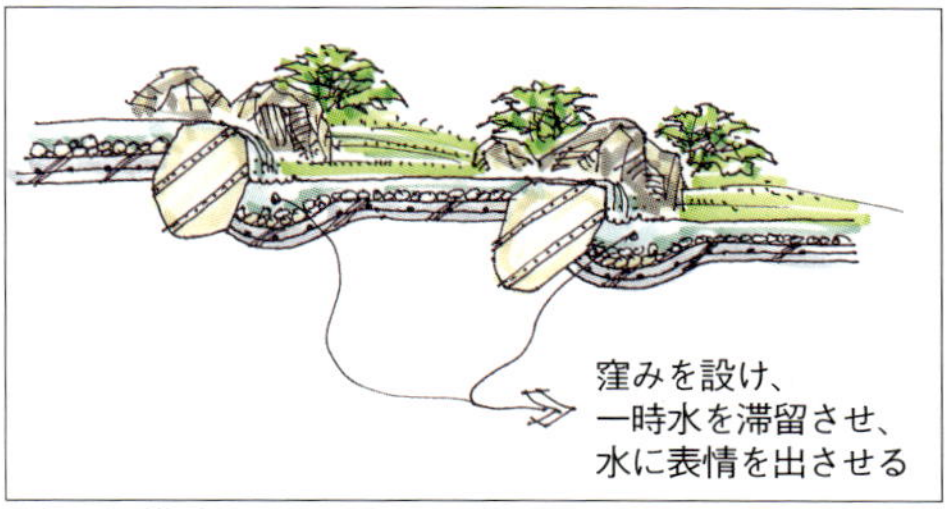

流れの構成を示す断面図

流れのイメージスケッチ

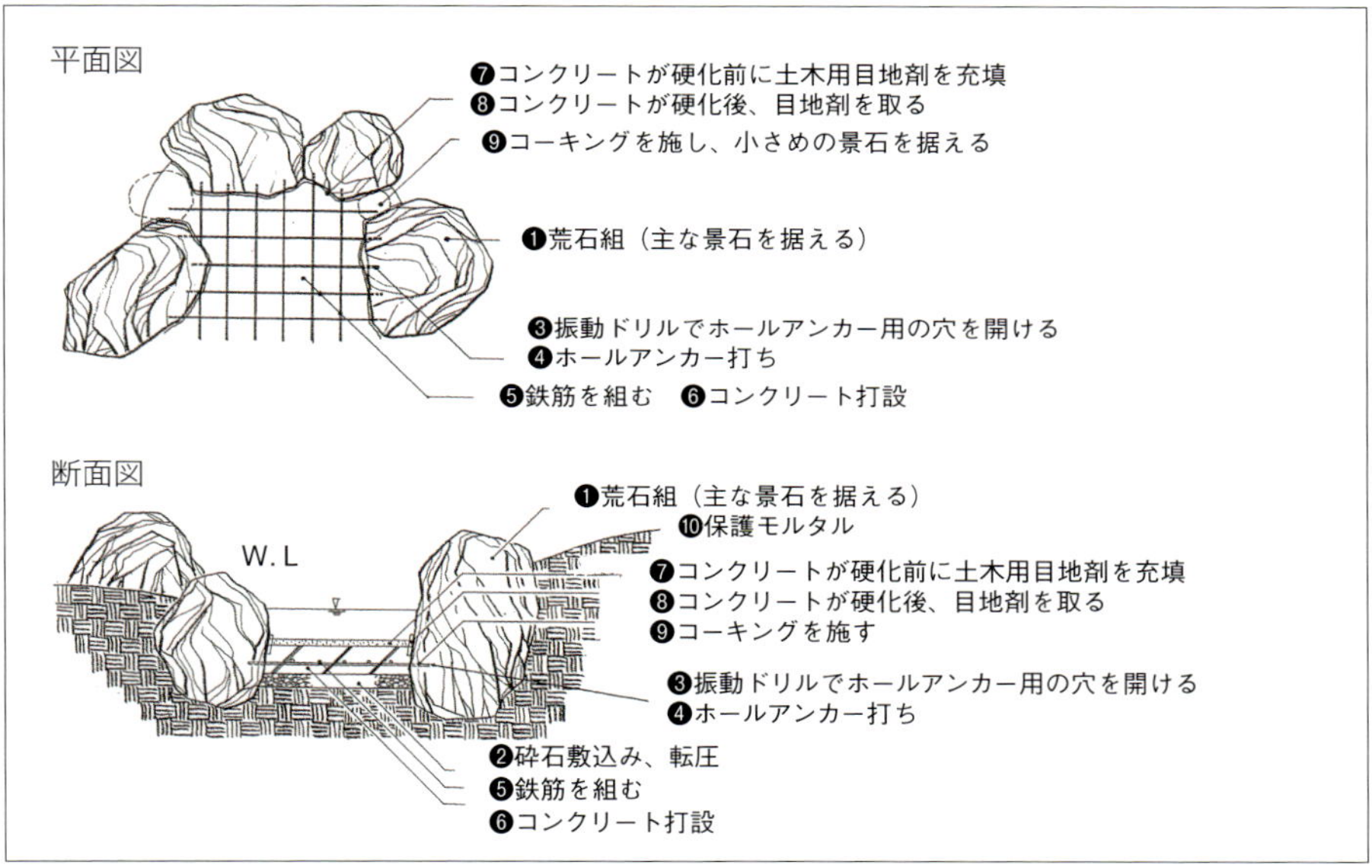

新工法施工図

できるから不思議でおもしろい。

要は限られた水をいかに薄く、広く、長く、おもしろく工夫しながら流すかがプロの仕事。水を流す上で一番の問題点は漏水。まず、コンクリートで底と立ち上がりをつくった上で石組をするのが定石だが、これでは自由度がなく不自然。完成度の高い水景は生まれない。図示したのは、制約のない自由な石組を目指し、試行錯誤の上、独自に考案した新工法である。

この新工法であれば石組は思いのままにできる。植栽もコンクリートの立ち上がりの邪魔物がない分、自由で簡単。庭の完成度、仕上がりも抜群に良くなる。

良い庭をつくるには従来の工法に固執せず自由な発想で新工法を編み出すことも必要である。

庭暮らしのための水まわり

オリジナルな立水栓をつくる❶

❶ 同素材で作成した水栓は、庭に調和し融け込む　❷ 完成した水栓の姿　❸ 白とグレーの石材を交互に積み重ねていく　❹ 右上から給水管・石材の平板（花崗岩）・蛇口　❺ ダイヤモンドカッターで平板の石材を所定のサイズに切る

山田祐司

一般住宅において庭の利用はさまざまですが、近頃は鑑賞はもちろん、暮らしの場として庭を意識するお客さまが多くなりました。テラスでお茶を楽しみゆっくりと時間を過ごす、子供を芝生の上で遊ばせたい、木かげで読書がしたいなど。形はさまざまですが、庭という空間を暮らしの場としてとらえ、思い思いに楽しみたいお客さまは増えてきたようです。

こちらのお客さまも、庭での時間を楽しみたいというお考えを持たれており、ご要望に沿う形の庭づくりをめざしました。新築住宅の庭のご依頼をいただきデザインした庭は、すっきりとした建物の外観と調和するよう、華美になら

❻ 切った石材の縁をコヤスケで砕く

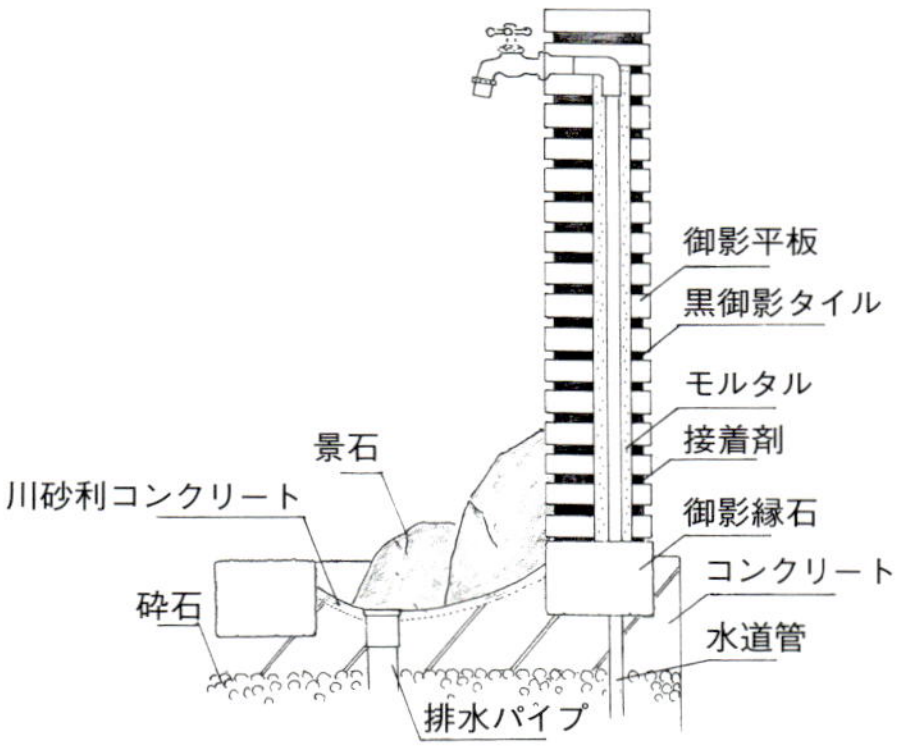

水栓の断面図

ず落ち着いた雰囲気を出せるよう心がけて設計しました。

庭の設計時、建築とのバランス、室内空間との連携、お客さまの趣向を意識し、そこに自分自身の庭づくりを表現することが大切だと常に心がけています。

庭のデザインを提案したのち、お客さまから「水栓もお庭に合った形に」と、ご依頼をいただきデザインを考え始めました。

日々の暮らしの中で多用する水栓であるため、機能的であること、かつ全体の景観を損なわないことを意識して考えました。この庭はテラスのデザインに、水面に立つさざ波を表現しており、そのデザインと連動する形で水栓を立ち上げています。したがってこの水栓のモチーフも水面に立つさざ波からきています。水栓のみ孤立させるのではなく、より庭全体に融け込むことを意識したデザインです。素材も庭に使用したものに同調させたものです、形も色合いもシンプルにすっきりとしたイメージを心がけました。

暮らしの中で利用目的と機能優先の設備に付加価値を与え、庭という空間に取り入れることは、この水栓に限らず、庭を広く暮らしの場として過ごすためにとても大切なことです。

生活に密着した部分に美を求めてこそ、日々の暮らしに潤いを与え、心豊かに暮らせるのではないでしょうか。

既製品に固められている昨今、庭が果たす役割、手づくりの魅力は大きいと感じています。

庭暮らしのための水まわり
オリジナルな立水栓をつくる❷

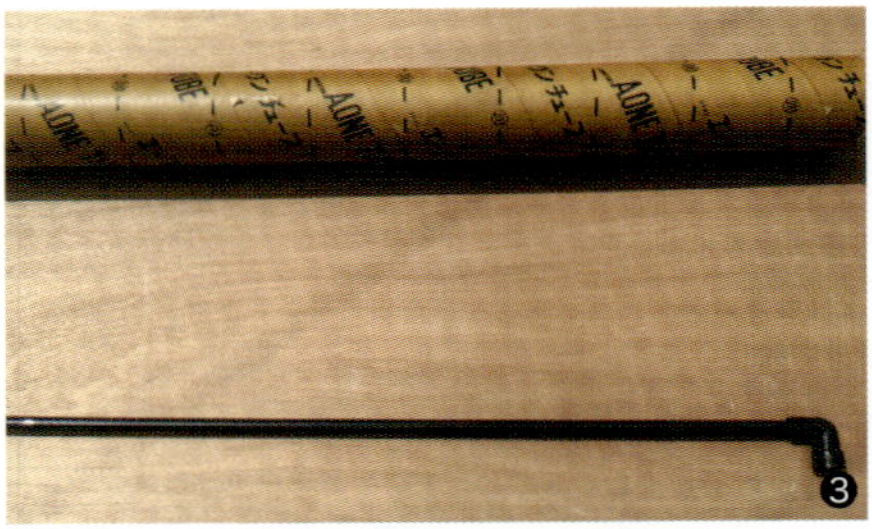

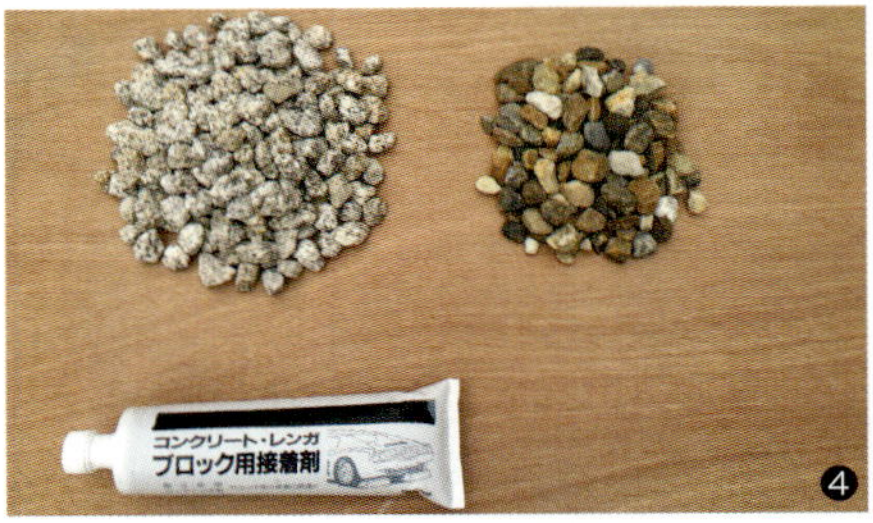

❶ 完成した水栓　❷ 蛇口を含め、ここにしかない個性的なモノが生まれた　❸ ボイドと給水管　❹ 玉砂利2種と接着剤　❺ カラーモルタルの混合状況

松葉英太郎

日常、庭の中で一番多く使うのが水まわりで、無くてはならないのが水栓でしょう。その設備と一口にいってもいろいろな種類があります。家の近くや庭の中にある立水栓から駐車スペースなどにある地中埋め込み式の散水栓など。どれも日々の暮らしに欠かせません。その中でも立水栓は、庭の樹木や花壇の草花の水やり、家庭菜園での散水、収穫した野菜を洗ったりと使用頻度が最も多いではないでしょうか？

さらに洗濯や洗車、お子さまの水遊びなど、水は私たちの暮らしに必要不可欠です。カタログ商品や水道屋さんにお任せするのも良いですが、日常、よく使うものだ

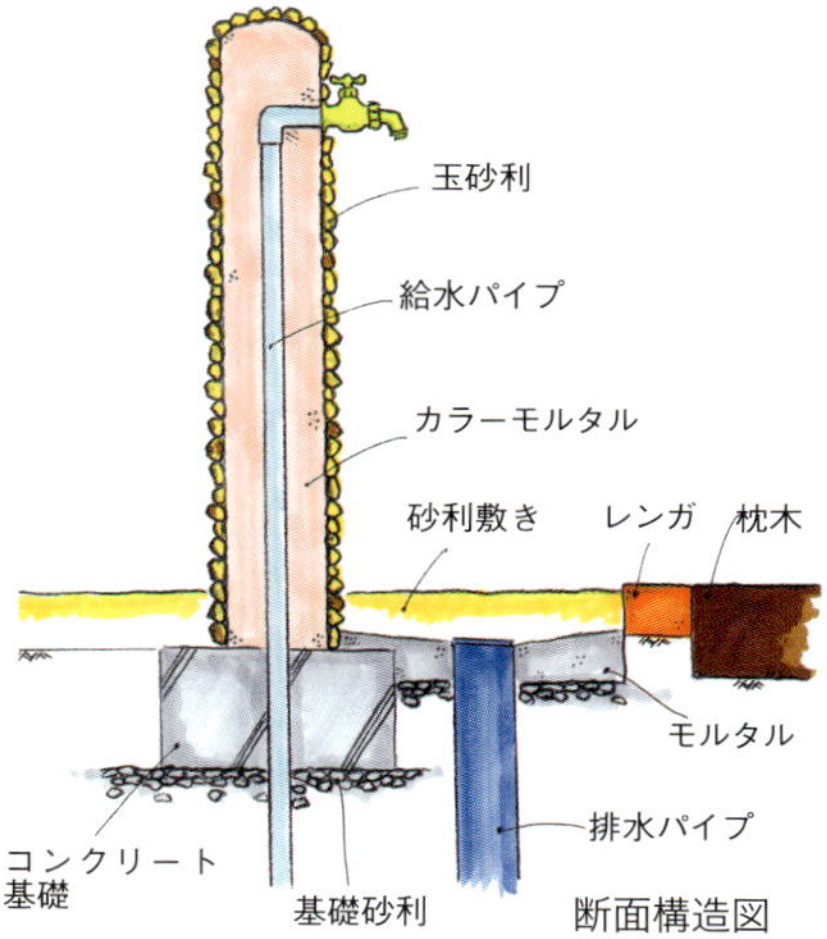

❻ ボイドを垂直になるよう立て、カラーモルタルを充填　❼ ボイドを外し、レンガ色の躯体へ玉砂利を貼り付けていく　❽ 玉砂利は貼り付け前に余分なところを削り取る

けに使いやすさはもちろん、デザインや素材選びに少しこだわってみてはいかがでしょうか？

　こちらのお客さまは私が手がけた庭が掲載された『百人百庭』（発行＝建築資料研究社／企画・編集＝創庭社）を見て、蛇口の高さから使い勝手まで自然素材でオリジナルなものをご依頼いただきました。河原の玉砂利から飛び出したものをイメージされていましたので、玉砂利を貼り付けました。

　水栓の躯体は、レンガ園路と関連性が出るようにレンガと同色のカラーモルタルで仕上げました。さらに庭に融け込み、一体感となるように、水受けは敢えて設けずにシンプルさを重視したデザインにしました。

自己満足と他人満足

かつて「庭を持つ」ことは、家一軒を建てる以上の豊かで大きな経済力という富の象徴だった。さらに植物を扱うため、建造物の家とは比べようもない「維持・管理」という負担を要した。年に数回、複数の植木職人が出入りしていたからだ。そのため高度経済成長以前の「庭」は、政財界や地域の有力者、開業医、商家など、自他共に認める、ごくごく限られたひと握りの富裕層の独占物だった。

こうして書くと庭がステータスシンボルの頂点であり、大衆とは無関係に庭が育まれてきたように思える。だが、庭をつくらせ育んできた人たち（今でいうクライアントでありオーナー）は、高い教養と高尚な趣味、高潔な人格を兼ね備えていたのだ。

さらに、このような人たちと対等な立場で関わり、精進してきたのが庭師たちだった。その数も今と比べて圧倒的に少なかった。

高度経済成長時代を迎えた昭和末期、この国は住宅建設ブームに沸いた。その次に訪れたのが庭園ブーム。それまで数年に一度という頻度で庭をつくってきた庭師や植木職人たちは、我が世の春が巡ってきたとばかりに庭づくりに明け暮れた。このブームによってひと握りの階層の独占物から社会一般へと庭は解放された。ところがそれにも関わらず庭づくりの技法も手法も旧態依然としており、使い古した伝統形式というアイテムの切り売りに過ぎなかった。今、思えば庭は新しい時代を迎えたのだが、あまりにも急に訪れたため、富と権威というステータスシンボルを脱ぎ棄てることなく、纏ったままであったのが悔やまれる。

言葉を換えればステータスシンボルの庭は一見、クライアント一人の自己満足に思えるが、これはそのまま庭師にも当てはまった。

今や庭は「ガーデニング」といわれ、広く知られるまでになった。衣食住の次に庭が加わるためにも、作者である庭師からクライアントまで、自己満足を超えた「他人満足」を意識した暮らしに不可欠な庭を模索して欲しい。

木かげのある暮らし

文と作庭・写真＝久富正哉

木を植えるのは何のため？　今ほど木を植えることに深い意味が求められる時代はない。近年の温室効果ガス急増による気候変動は、真夏日を通り越し今や猛暑日まで追加させた。この熱帯並みの暑さをいかに緩和させるかが大きな課題となっている。かつて木を植えれば「日影」になるというネガティブな印象だったが、夏を涼しく、冬を暖かく暮らすうえで木を植えることは非常に効果があると証明されてきた。この木かげのある暮らしを宮崎の作庭家、久富正哉さんの実例で紹介。さらに木かげづくりに最適な樹木12種を選定し、それぞれの特色を解説していただいた。なお、選定は宮崎の気候が基準であり、地域によって異なることをご承知おきください。

Kさんの庭（宮崎県日南市）／写真＝豊藏　均

美しい木かげの庭

Kさんの庭（宮崎県日南市）／写真＝豊藏　均

木かげに木漏れ日が射し、庭は陽の光のシンフォニーと化す

木かげのある暮らしは、五感を心地よく刺激する

風と動きが木漏れ日となって表われ、光と影の共演が楽しめる

緑のグラデーションを魅せる前庭は、玄関からも楽しめる

自然の豊かさを感受する暮らし

久富正哉

Kさんの庭の冬（日南市）＝入口付近の冬景色。コナラの木立ちが裸木になり、冬晴れの空に映えて、梢も凛とした姿となる

夏涼しく冬暖かく

ひと昔前、庭がステイタスだった時代には、人の手で立派に仕立てた常緑樹が庭の主役でした。現在は、すまいの周りで四季の変化が感じられる庭づくりが増えてきたようです。一年を通して自然の豊かさを身近に感じながら暮らす庭を実現するには、落葉樹をうまく植えることだと思います。

春。自然樹形の落葉樹を沢山使うと、木の種類によってそれぞれ新芽の色や形が異なるので、驚くほどの速さで庭の表情が日々変わっていきます。芽吹きの季節には、一気に早春の景色に生まれ変わり、穏やかな日差しに包まれます。紅葉がうまく見られない年も多い宮崎ですが、生命力を感じる華やかな春は、毎年忘れずに訪れます。

夏。日差しが強まると緑を深めた木かげが生まれます。風が小枝を揺らし、梢を抜ける風にも涼感が増します。

秋。陽が短くなるにつれて木かげは長く伸びます。夏の深かった緑もしだいに明るくなり、空気は秋色に染まってきます。

冬。落葉高木は葉を落とした裸木になり、庭が急に明るくなります。晴れた日は、梢から差し込む暖

Kさんの庭の冬（宮崎市）裸木の梢を通して暖かい日差しを室内まで届ける

Kさんの庭の夏（宮崎市）30年以上経った庭。コナラの木立ちが窓のそばまで木かげをつくる

かな日差しが家の中まで届き、日向ぼっこができます。

一年を通して木漏れ日を感じ、木かげを楽しむ庭をつくるには、どのような木をどう植えていけばよいか、そのポイントをいくつか挙げていきます。

緑豊かな景観づくり

私は南九州在住なので、木立ち（下枝がない落葉高木の幹が創り出す空間）の骨格は主にコナラ・イロハモミジ・イヌシデ・アカシデでつくります。敷地に余裕があって、少しボリュームのある木立ちがつくれるなら、カマツカ・ヤマコウバシ・シラキも使うとさらに野趣が出てきます。

まずアプローチは、緑の木立ちを抜けて玄関に辿り着くというイメージでデザインします。人や車の動線を邪魔しないように、下枝がない落葉高木が最適です。入り口付近にやや大きな木、奥に少し低めのものを植えると遠近感が強調され、奥行き感が出ます。

庭に当てるスペースの確保が難しい最近の住宅事情では、アプローチの印象はかなり重要です。道路と建物の間に落葉樹の木立ちがあるだけでも、季節によって建物の見え方も変わり、緑豊かな景観づくりにも一役買います。そこに暮らす方だけでなく、外を行き交う方々にも緑を提供できることは大切ではないでしょうか。

暑さの中、外から戻った時にも、玄関周りに緑の木かげがあれば、植物の蒸散作用による気化熱のおかげで、あのひんやり感が味わえ、郵便配達の方が「別世界ですね」とひと休みされていきます。

　樹木を選ぶ際、ご近所とのトラブルを避けるため、冬の落ち葉の配慮は非常に大切です。主庭でも同じですが、落ち葉の方向に常緑高木を植えて拡散を防ぎます。

　主庭で、季節感を感じる一番のポイントは、建物の近くに落葉樹の木立ちをつくることです。窓の傍に下枝を落とした落葉高木があれば、室内から幹越しに庭が見え、木立ちに抱かれ守られているように感じます。リビング前のテラスやデッキに木かげをつくれば、夏でも外のテーブルでお茶を飲んだりして寛ぐことができます。

　軒先に大きな木を植える際、建物から押されていく方向に傾けると建物から離れて生長するので、壁や庇を傷つけにくくなります。

Oさんの庭の秋（宮崎市）宮崎では数年に一度しか見られない美しい紅葉

自邸の庭の春（宮崎市）落葉広葉樹が生い繁り、その雰囲気はとても庭とは思えない

　我が家の庭を雑木林にするには、まず中心になる高木を決めます。周りの木はその大きさに押された、あるいは遮られた日差しを求めて伸びていったようなイメージで、敢えて傾けて植えます。これは故・小形研三さん（注）が考案した「気勢」。中低木や下草でも「気勢」を意識すれば、庭がより自然に見え、素敵な物語が生まれるような気がします。周りに植える木も等間隔にならぬよう近づけたり離したり、変化をもたすと空間がよりおもしろくなってきます。

常緑広葉樹の役目

　落葉広葉樹主体の庭に、花が咲き実が色づく中低木を加えると、季節の変化をより感じられ、空間がさらに魅力アップします。ただし、高木がつくり上げた雰囲気を

自邸の庭の春（宮崎市）近隣に春の訪れを知らせるミツバツツジ

壊さぬよう、バランスを考えて植えて下さい。さらに木立ちの中の日差しや木漏れ日をより印象づけるのが、バードバスや「沢流れ」です。光が水面でキラキラ輝き、太陽の動きと共に木漏れ日も変化していくので、朝、昼、夕方とその移ろいが楽しめます。

もう一つ庭の中で重要な役割を担うのが、カシやヤブツバキなどの常緑広葉樹の高木です。庭に締まりが出るだけでなく、見せたくないものを隠して、庭を周りから独立させ、そこだけの空間をつくり出してくれます。

自邸の庭の夏（宮崎市）自邸とは思えずリゾート地に建てた別荘のようだ

木々は一本ずつ見ると欠点があったり不格好だったり・・・。でも、互いにそれをカバーするように植えれば、しっかり存在感を発揮します。そこに自然樹形の木がつくる庭の魅力があります。

こうしてできあがった緑豊かな庭も、自然な庭だからと放置しては、涼しげだった木かげも薄暗く鬱陶しくなります。そのため毎年的確な剪定が必要になります。手入れさえ怠なければ心地よい明い木かげを永く維持できます。

木漏れ日溢れる庭、木かげで葉擦れの音を聞きながら憩いのひと時を過ごす庭、そんな「庭と共に暮らす」方たちが少しでも増えることを願っています。

(注) =小形研三（おがた・けんぞう）=一九一二年～一九八八年）佐賀県出身の造園家。雑木の庭の創始者である飯田十基の直弟子といわれ、現代庭園の普及と「自然写景式庭園」を公共造園にまで広めた。

プチ樹木図鑑

夏を涼しく冬を温かく暮らしていくための必要最小限の樹木12種

●落葉高木

アカシデ（赤四手）：カバノキ科　クマシデ属　陽樹～中庸樹　別名＝アカソロ

◆山地では高さ十五メートルになる。生長はイヌシデよりやや遅く樹皮は暗灰白。老木になるとイヌシデのように筋状の窪みが出る。四～五月にはイヌシデと同様に開花。テッポウムシの被害に注意。

イヌシデ（犬四手）：カバノキ科　クマシデ属　陽樹～中庸樹　別名＝シロシデ・ソロ

◆山地では高さ二十メートル以上のものもみられる。老木になると灰色の樹皮が裂けたように割れる。四～五月頃、前年の枝から雄花が下がり、雌花は新しい枝に付く。幹から木屑が出ていたら、テッポウムシの被害が出ているので注意。

イロハモミジ（鶏爪槭）：カエデ科カエデ属　陰樹～中庸樹　別名＝モミジ・イロハカエデ

◆山地では十～十五メートルになる。乾燥地よりは水持ちと通気性の良い土地を好む。花期は四～五月。建物の様式に関係なく使えて、きれいな株立ちとなり、単木でシンボルツリーにもなる。テッポウムシの被害に注意。

コナラ（小楢）：ブナ科コナラ属　陽樹
中庸樹　別名＝ナラ

◆山野によくあり、高さ十五～二十メートルになる。炭や薪用として人工林が、しばしば里山に点在する。四～五月頃新しい枝の下部に雄花が下がり、上部に雌花が付く。茶色に色づく前の緑のドングリを見つけると、まだ暑いのに実りの秋を思い起こさせる。

ヒメシャラ（姫沙羅）：ツバキ科　ナツツバキ属　中庸樹　別名＝ヤマチャ

◆山地では高さ十五～二十メートルになる。五月頃白い小さな花が下向きに咲き、シャラと呼ばれる夏椿より、葉も花も小さく可愛いのでその名がある。樹皮が薄く剥がれるのが特徴で、冬の赤茶の幹が美しく、木立ちに色の変化が出て面白い。

●落葉小高木

カマツカ（鎌柄）：バラ科カマツカ属／中庸樹～陽樹　別名＝ウシコロシ

◆山地に生え、五～七メートルになる。乾燥地でも育つ丈夫な木。名前は硬くて折れにくいので、鎌の柄として使われたところから。実は秋に赤く色づく。四月頃コデマリのような花が枝一面に付くので、木立ちの緑に植えると良い。

ヤマコウバシ（山香ばし）：クス科クロモジ属　中庸樹〜陽樹　別名＝モチギ・ヤマコショウ

◆山地に生え七メートル位になる。冬も枯れた葉が残り、春になってから落ちるため、残った茶色い葉が冬の庭に野趣を生む。実は秋に黒く色づく。乾燥地でも育ち丈夫。幹に個性があるものが多いので、高木と絡めて植えると味が出る。

●落葉低木

コマユミ（小真弓）：ニシキギ科ニシキギ属　中庸樹　別名＝ヤマニシキギ

◆ニシキギにあるコルク質の翼がない。半日陰で腐食質の土地を好む。南九州でも毎年鮮やかに色づき、小さな赤い実はジョウビタキの好物だ。同じく赤い実に風情がある同属のツリバナは、直射日光に弱いので場所を選ぶ。

ミツバツツジとツツジ類（三葉躑躅）：ツツジ科ツツジ属　中庸樹

◆酸性で水はけがよい土地を好む。ミツバツツジ類の紫・オレンジ、ドウダンツツジ類の白や紅・更紗など花の色が豊富で、春の庭に色を添えるのに適する。ミツバツツジは種類が多いが、高山性のものは平地では育ちにくいので、その地域のものを植える方が良い。

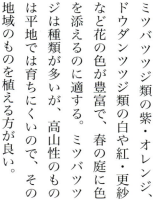

ヤマブキ（山吹）：バラ科ヤマブキ属
中庸樹　別名＝オモカゲグサ・カガミグサ

◆半日陰で腐食質の土地を好む。四～五月、ツツジ類の鮮やかな花の色を除けば、白い花が多い時期、細い枝先に咲く春らしい黄色い花は、木立ちによく合う。樹名は枝が風に揺れる様「山振る」が転じたものともいわれる。

ヒュウガミズキ（日向水木）：マンサク科トサミズキ属　陽樹～中庸樹　別名＝イヨミズキ

◆日当たりが良く水はけのよい土地を好む。三～四月にクリーム色の楚々とした花を鈴状に付ける。枝が横に伸びるので、何かに押されたという気勢を感じる剪定ができ、この特長を生かして高木の根元に絡めて植えるとおもしろい。

トサミズキ（土佐水木）：マンサク科トサミズキ属　陽樹～中庸樹　別名＝ロウベンカ・シロムラ

◆日当たりが良く水はけのよい土地を好む。三～四月頃に葉が出る前に、ヒュウガミズキによく似た花を付けるが、咲き方は男性的。株立ちの幹は気勢を出しやすいので、背丈より高い木を、落葉高木に添わせて植えるとおもしろい。

和と洋って何〜?

この国から漢字とひらがながなかがどんどん消えてゆく。菓子がスィーツに昼食がランチに、そして庭はガーデンにと。かつて庭といえば、一般的に京都を中心にした過去の遺物をイメージさせ、あるいは都内に現存する大名庭園を指していた。この場合、正しくは「日本庭園」と呼ぶと整理しやすい。一番困るのはまさに現代の庭で、非常に曖昧な扱い方だ。その曖昧さの代表が「和」と「洋」なのだ。

庭といえば一般的には、「和風庭園」か、それとも「洋風庭園」とに大きく分けられ社会から認識されている。だが、庭とは切っても切り離せない住宅はどうか。今や昔となった昭和の時代は、住宅もやれ「和風」だ、やれ「洋風」だといわれたが、今ではほとんど聞かれなくなった。庭以外で「和・洋」と呼んでいたのは「和食」、「洋食」で、耳にすると懐かしさを覚えるほどで、今ではイタリアンやフレンチといわれるまでになった。

庭もこのように明確に立て分けられないものか。たとえばガーデニングは、イングリッシュ・ガーデンがベースになっている。カタカナでは「ガーデニング」だが、これを漢字にしたら「庭いじり」と訳せるのだろう。そして「イングリッシュ・ガーデン」は「英国庭園」となる。ただし、この国へコピーする、いや正しくは「写し」なのだから本物ではない。そこで「英国」と「庭園」の間に「風」を挿入する。

この「かぜ」と書いて「ふう」と読ませるのが日本語のいいところであり、白黒ハッキリさせない曖昧さ、カタカナで書けば「ファジィー」が、この国の文化を象徴しているようだ。

さて、「洋」は、訓読みで「ひろし」とも読む。一方の「和」は「なごむ」・「やわらぐ」・「あえる」とも読むほど意味が広くて深い。「あえる」とは「混ぜ合せる」との意もあり、カタカナでいえば「ハーフ」だろう。外来のものを自由に取り込む、ここに「和」の本質というか、この国の文化の深さが隠されているようだ。

暮らしの中の石積と敷石

かつての日本列島には、その土地ならではの石垣畔や石を敷き並べた畦道や山道がたくさんあった。それだけ石が身近にあり、しかも山野に転がっているような自然石が多かった。こうした石の中から選りすぐったものを地べたの横方向へ敷き並べたのが敷石。縦方向に積み重ねたのが石積。さらに降水量の多いこの国の気候と風土から暮らしの場を守るように「積む・敷く」という技術は高度に発達してきた。表面の見てくれよりも崩れないように積むのが石積の基本。一方、敷石は、降水によるぬかるみを防ぎ、いかに歩きやすくするかが原点。本章では、石積の基本を鈴木富幸さん(愛知県)、敷石の基本を住田孝彦さん(愛知県)、お2人の作庭家から、現場で培った技術の初歩的な勘どころを教えていただく。

右上＝石積は、己の意志と石との格闘／右下＝崩れないことが大前提の石積に人は、真剣勝負で挑む／左上＝敷石は、その人の技量から美的感覚まですべて如実に表れる／左下＝その場で得た発想が頼り、挑むか逃げるか己との真剣勝負

石積に魅せられて

鈴木富幸

八帖北町の庭❶＝石積の石材は、愛知産の「幡豆石」（はんずいし＝花崗岩）を使用

己の意志と自然の意思

石を積み始めると時間を忘れ、己も忘れるほど夢中になります。この己を投影するヒューマンスケールの石積に魅せられています。

人力で持ち上げられる大・中・小の積み石でバランスの妙技を目指すのですが、それは日本人の感性の一つである不等辺の美学に基づいているようです。

大中小の石の組み合わせをイメージして積み始めるのですが、もちろん、自然石なのでなかなか思う通りにはいきません。

自然石の形に従いながら積むこ

八帖北町の庭❷＝奇を衒わない質実剛健な石積

今池の庭＝現代建築にも融け込むクセのなさが好評

とが、最初にイメージしたデザインよりもおもしろい造形になることもしばしばあります。己の意志と自然の意思とを活かすことが石積の醍醐味です。

さまざまな石を機械を使わず人力で積み上げ「石積」を表現することは、身体に辛く気持ちを高めなければとても挑むことなどできません。

出来合いの規格品を積むのと違って、時間も手間もかかります。ですが、その精神性が現代の庭づくりへ大いに必要とされると信じるからこそ、作り手は、我を忘れ夢中になります。

理論で積む

石の形は千差万別、ひとつとして同じ石はありません。レンガのような四角くて積みやすい石もあ

積み始めが肝心

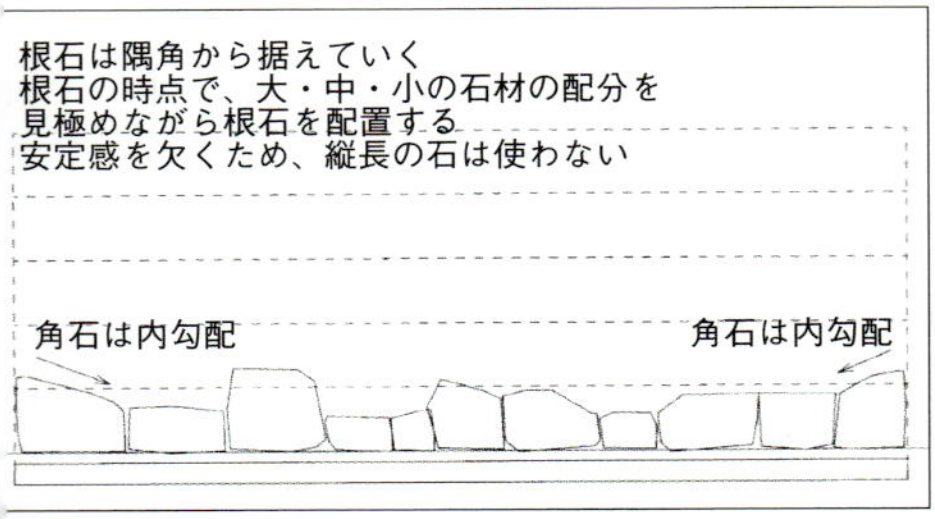

根石は隅角から据えていく
根石の時点で、大・中・小の石材の配分を
見極めながら根石を配置する
安定感を欠くため、縦長の石は使わない
角石は内勾配
角石は内勾配

◆ 最初に完成時をイメージしながら大石の配分をバランスよく配置していく

根石(黄色線囲み)を、角石から並べていきます。角石は内勾配に据えます

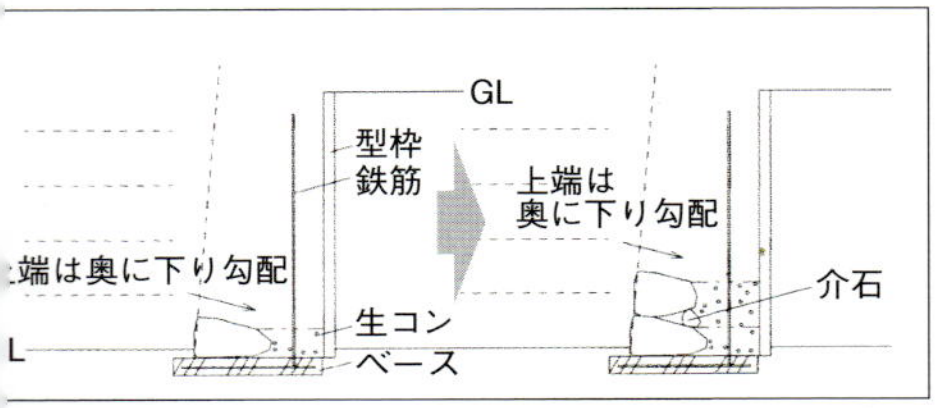

GL
型枠
鉄筋
端は奥に下り勾配
生コン
ベース
上端は
奥に下り勾配
介石

◆ 断面図＝根石を据えたら裏込めの生コンを打ち、2段目を据えたら同じように生コンを打っていく

根石の上に石が積めるように、隣同士の石の高さを合わせることが重要です

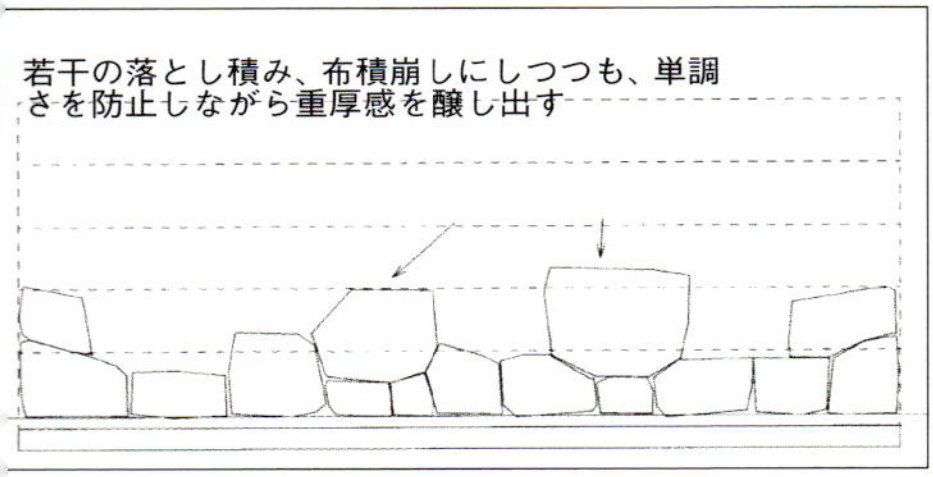

若干の落とし積み、布積崩しにしつつも、単調
さを防止しながら重厚感を醸し出す

◆ 2段目以降も角石から据えていく

れば、丸っこい石、三角の石、五角形の石や、膨らんでいたり凹んでいたり、長い石や短い石、薄い石や厚い石、加工しやすい石や硬い石などなど、さまざまです。

　そんな表情豊かな石材を、何段も同じように積み続けることは、やってみるとなかなか上手くいかず、途中で崩れたり、積んではみたものの不安定に見えたり、美しく見えなかったりします。

　石積は立体パズルです。表情豊かな石を使いこなすには、基本的な理論と法則を押さえる必要があります。

　そのために石の形や表情を丹念に見極めながら、ひとつひとつ着実に、かつ丁寧に美しく積み上げる。そのテクニックのほんの一部ですがご紹介します。

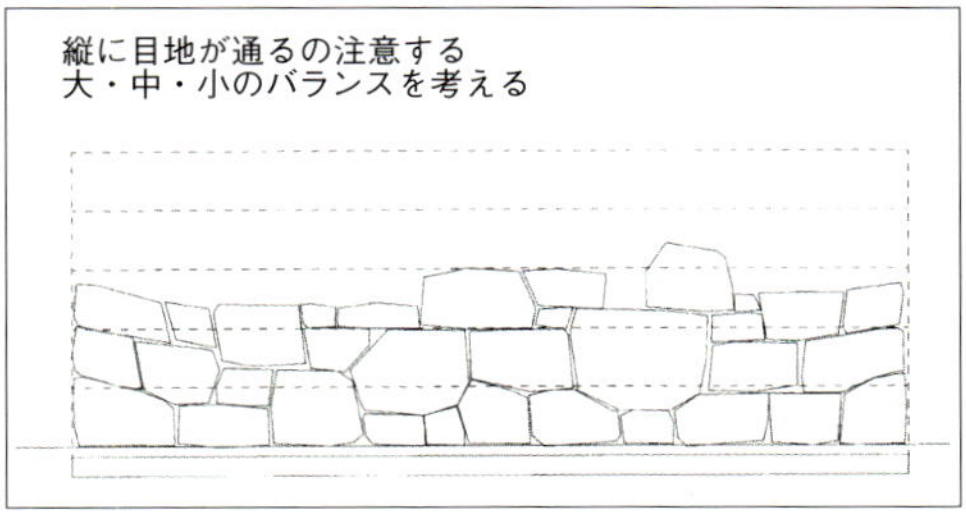

❹ 基本は布積で「品の字」で積んでいく

「布積」・「布積崩し」のため、赤いラインのように、横方向の目地が通っています
※「布積」とは…方形に整形した比較的大きな石を、目が横に通るように積み上げる方法

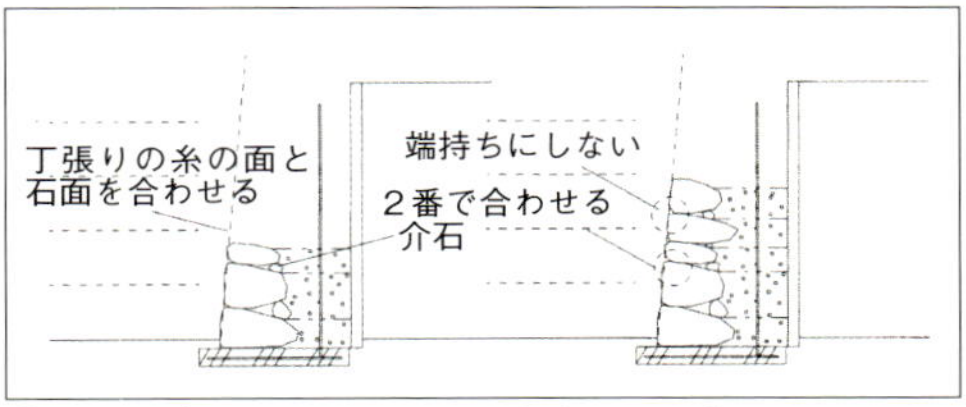

❺ 1段ずつ据えるごとに順次生コンを打っていく

「品」の字を基本として、上に石を積んでいきます。「品」の字にすることによって、積まれた石の荷重を分散させます。構造的に強いだけでなく、視覚的に安定感が出ます。ただし、景観重視の石積においては、水平基調が続くと単調になりますので、時折、サイズの違う石を上手く組み合わせ、横目地に段差をつけます。上の写真では、赤のラインが切れたところが段差になっています。この段差があることで、“めりはり”ある石積になります。最後に天端石を積んで完成

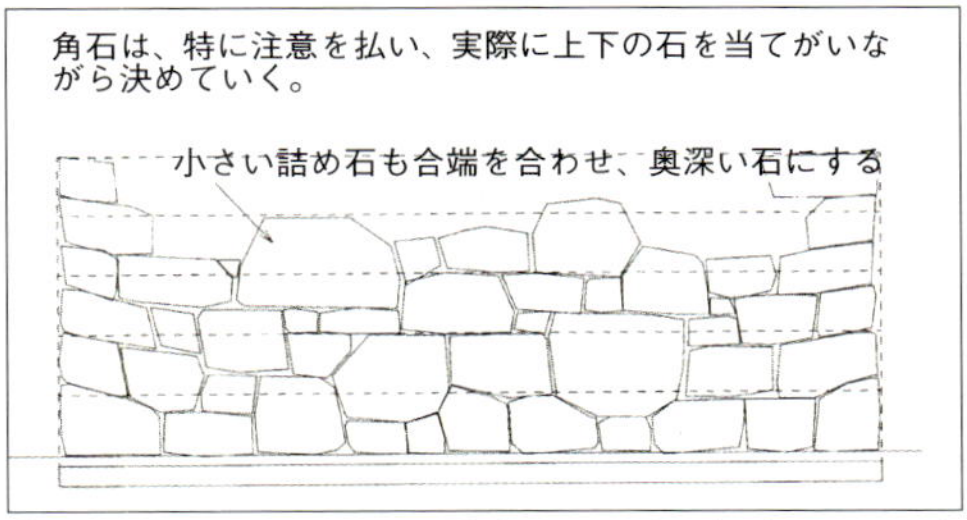

❻ 天端下段の石は、天端を見込みながら据えていく

「後ろ下がり」の「品の字積み」

石積は大きく分けて小端積みと野面積みがあります。その両方に共通する基本的な理論が「後ろ下がり」と「品の字積み」です。手にした石の形をよく見て、上に積む石が滑り落ちないように必ず手前が高く奥が低くなっている向きで据え付けます。その隣に高さを合わせて、同じように後ろ下がりになるように石を据えます。次に品という字のごとく、二つの石にまたがるように石を積みます。

この時も必ず上端が後ろ下がりになるように注意します。品の字は四角形ですが、実際は五角形や六角形で、大きさ、長さ、厚みが異なる石を組み合わせながらパズルのように積み上げていきます。

仕上げと避けたいこと

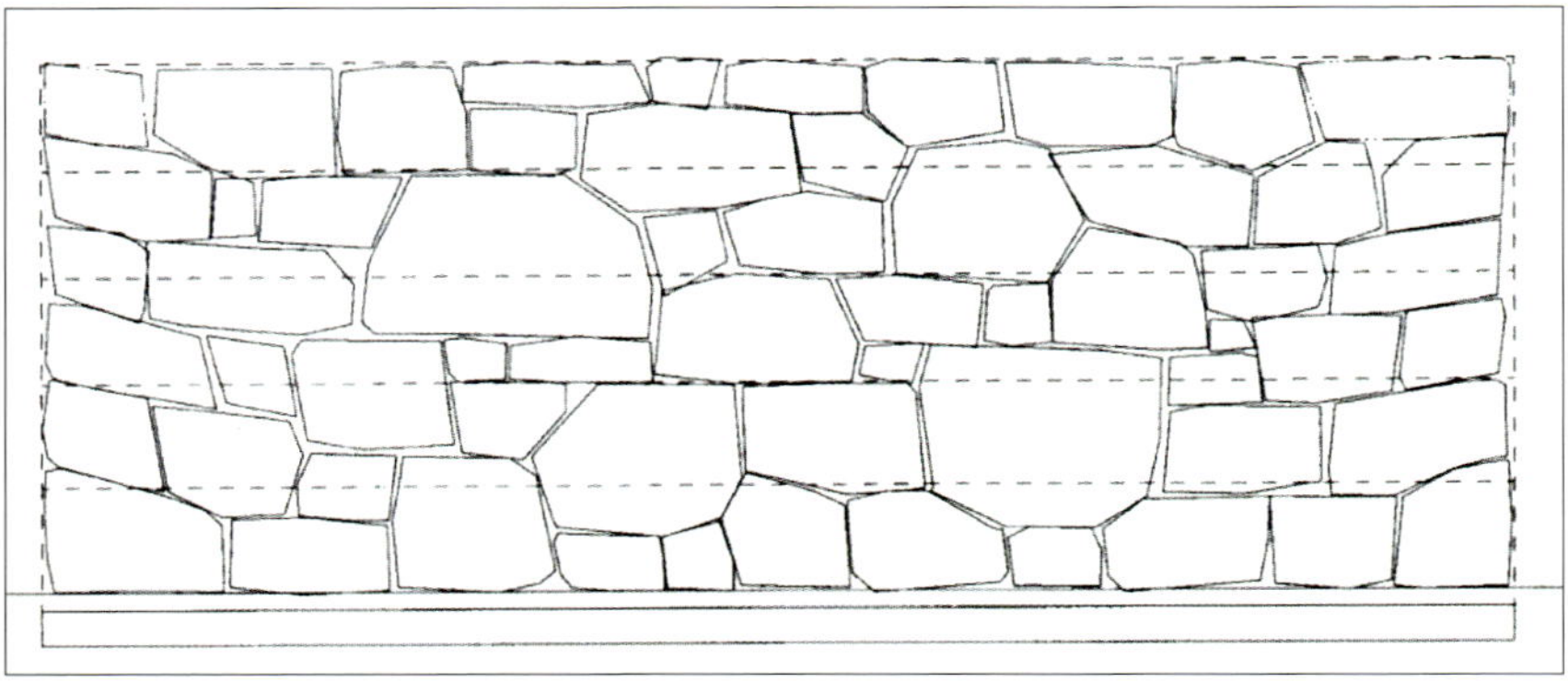

❼ 常に完成をイメージしながら、積もうとしている上と横を考えながら積み上げていく

石積に必要な道具＝右から、鑿（ノミ）・石頭・トンカチ・バール・コヤスケ・鏨（タガネ）

角石は、内に勾配をつけ、長短交互に組む「算木積み」とします

石をはつる道具

二つの理論を押さえたら、実際に積んでいきますが、どうしても隣の石との形が合わなかったり、下の石に出っ張りが当たってグラついたりします。その時に役に立つのが鑿や石頭・コヤスケ・トンカチなどの石工道具です。タンガロイという超硬合金が付いていて、硬い石も割ることができます。

ゴーグルや手袋を着用し、安全に気を付けて作業しましょう。石を割るには慣れてきてもそれなりに時間がかかりますので、先ずはできるだけ割る量が少なくなるように石を探してみましょう。

丁張りをかける

美しい石積に欠かせないのが丁張りです。石を積む前に、杭を打ち水平器やレベル等で水平をとり、

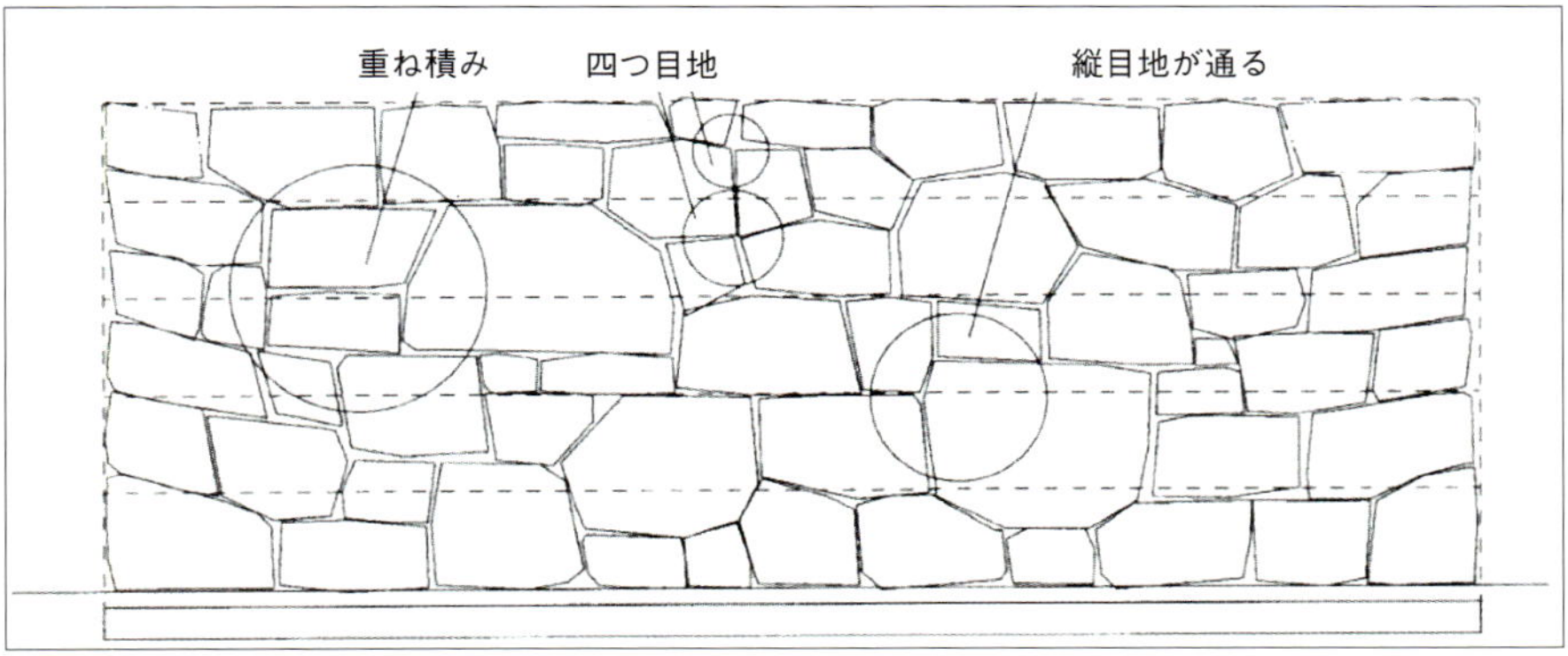

❽　忌み嫌う積み方　正面

表に見せる石の面は平らなものもあれば、膨らんでいたり、凹んでいたり、歪んでいたりするからよく観察したい

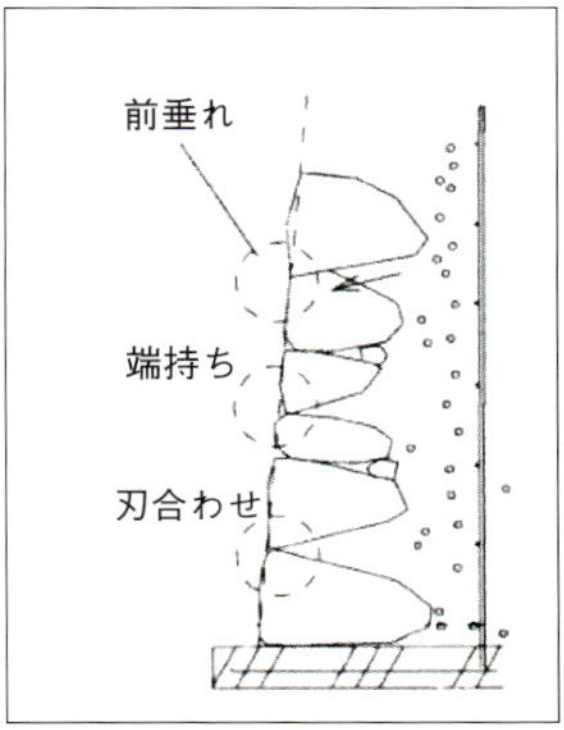

❾　忌み嫌う積み方　断面

水糸を張ります。ブロックやレンガを積む場合は、一本の水糸に肩を合わせて並べていきますが、石積では、二〇～三〇センチメートル間隔に張った二本の水糸を上から見通して基準とし、そこから一センチメートル～二センチメートル控えて積み上げていきます。

表に見せる石の面は平らなものもあれば、膨らんでいたり、凹んでいたり、歪んでいたりさまざまです。出っ張っている部分で水糸ギリギリにしたり、凹凸の平均ラインを見極めて、水糸を基準に石積の面を揃えるようにします。この合わせ具合で、自然でラフに見せたり、緻密に面を揃えたり、仕上がりや手間のかけ具合を調整できます。先ずは手ごろな石から積んでいきましょう。

敷石に魅せられて

住田孝彦

高橋さんの庭❶　足元に目を向ければ、アッと息を呑むような敷石が広がる

野石を敷く

本来、石を敷き並べるには決まり事も約束事もありません。

大事なことは先ず第一に、何よりも歩きやすいことです。雨が降ってぬかるんだ地面に石を敷くことで歩ける、ただただこれだけです。「歩けること」これですべての用が足ります。

しかし、そこに美的感覚が加わり取り沙汰されるとなれば、そこへ敷く石の色合いや材質、敷きように、また配し方によって、その表情は千差万別で多彩に変化していきます。

高橋さんの庭❷　ただならぬ雰囲気を発する門周辺の構成

高橋さんの庭❸　色どり・サイズ・目地に作り手の個性が表われる

敷石で調子を出す

小気味よく軽妙で調子の良い敷石にするには、まずでき得る限り良い材料を豊富に手元に用意しておくことです。

野石（のいし＝山野や河川に転がっている石）を敷くのが最も自然らしく、加工しないですむのでお勧めです。

ただし、自分好みの材料を集めるのにかなり時間を要しますが、それだけに自分で景色をつくるための醍醐味となるはずです。

リズムのある、いわば調子の良い敷石にするには自然界の法則を知らなければなりません。大きいものから中くらいのもの、さらに小さいものがほど良く混じり合っていることが肝心です。

同じ大きさの石が連続していれ

すべては歩くために

庭の中の「小道」といいたくなる情景を敷石が生み出す

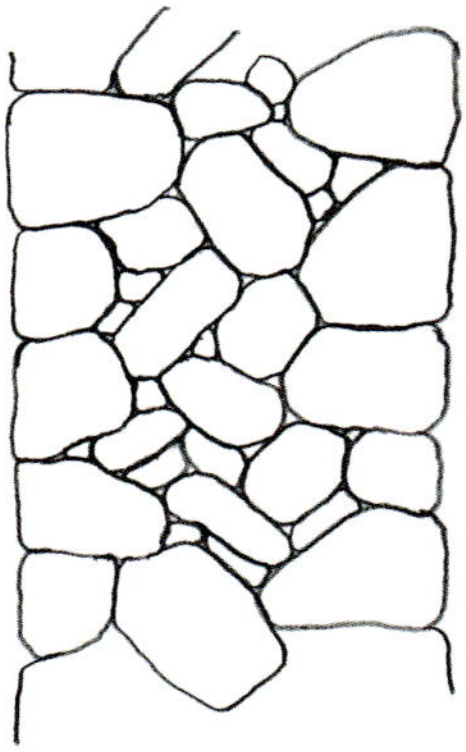

大・中・小の石がほど良く混ぜ、斜め基調の目地で一貫性を出す

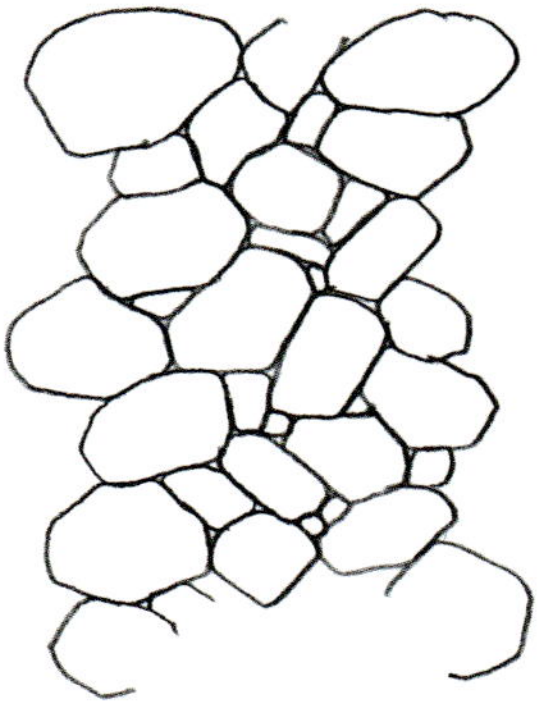

硬い石をやわらかい雰囲気に演出するのも敷石の醍醐味

ば調子といいますか、リズムが生まれません。単調で味に欠けます。

歩きやすく調子のいい敷石にするための条件を言葉で説明するとなると、はなはだ難しい。

ただ、全体を通して一貫性があることが、良い感じになる重要なポイントでしょう。

この一貫性とは、石の大・中・小がほど良く混ざっており、目地の取り方は全体的に同じ広さを保つことです。

さらに横目地を基調にするか、斜めを基調にするか統一すべきです。材料によっては目地無しの空目地にするか、どのくらいの幅にするか、また、深さの設定などなど……。その現場の場面場面で臨機応変に判断しながら決定しなければなりません。

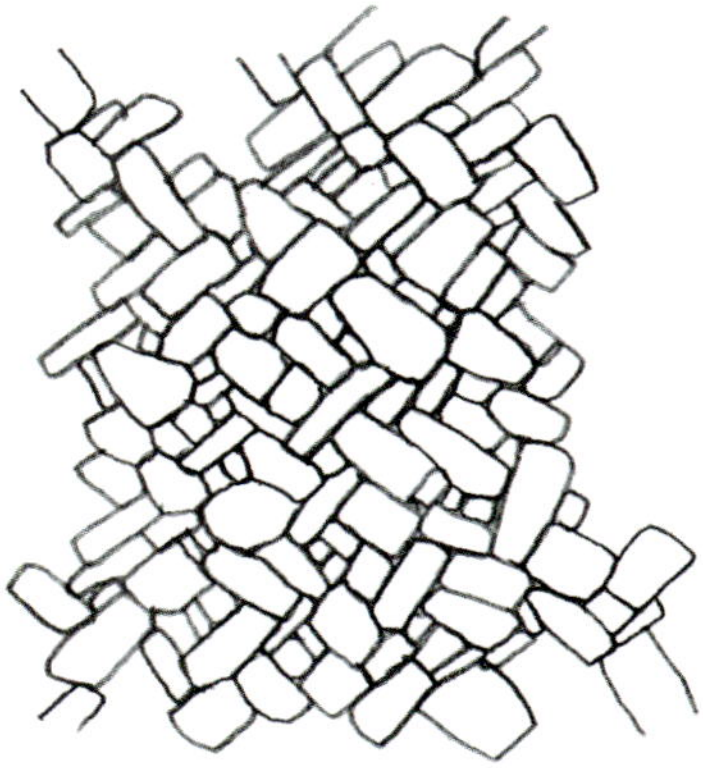

あえて大き目の石を使わず、軽妙な感じで統一

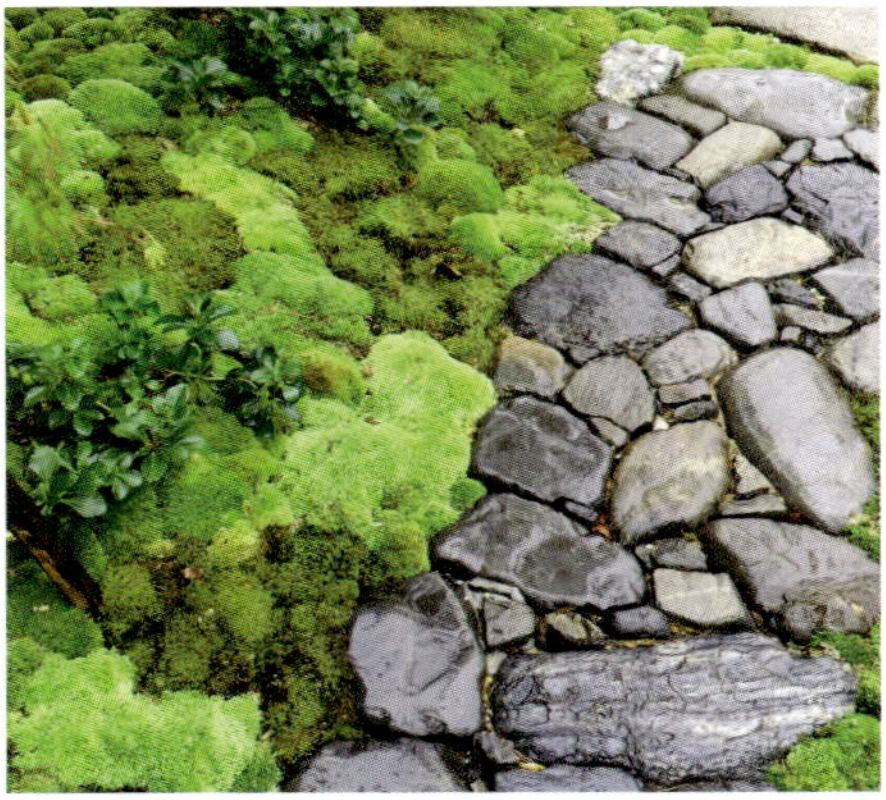

自然素材は、水を打てば質感が劇的に変わる

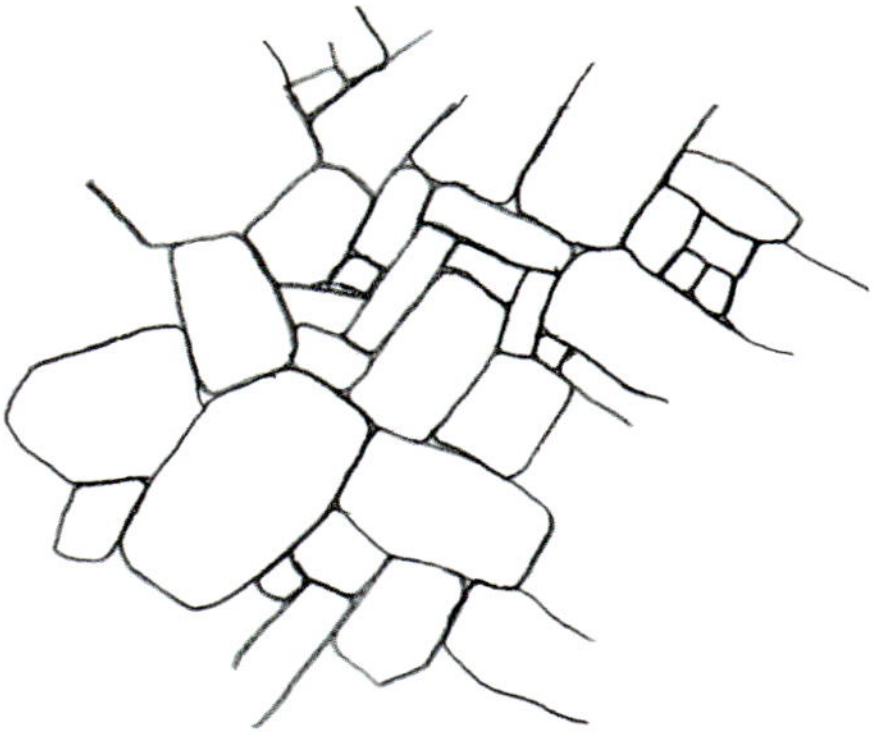

目地を三叉路にし、四角以上の石を多用しリズム感を出した敷石

苔と石の相乗効果で、時の経過も表現できる

敷石を体感

材料選びに関してですが、肩(縁まわり)が張った角ばったものは目地が細く取りやすく、反対に肩の丸い玉石のようなものはいくら石どうしを近づけても目地は細くなりません。この石を敷き並べるのは大変に面白く、余暇を使って汗を流すと、とても清々しい気持ちになりますから不思議です。

敷石はあまり仰々しいより、多少は軽妙でほっとする雰囲気が、すまいの庭にはふさわしいようです。自分好みの敷石にするには、実際の敷石を体感されたほうがわかりやすいでしょう。

たとえばお寺の参道、知り合いの庭など、たくさんの敷石を見、その上を歩いて体感することが、何よりも近道となります。

自らの感性で、探して敷く

完成後の全体観を想像して石を配していく

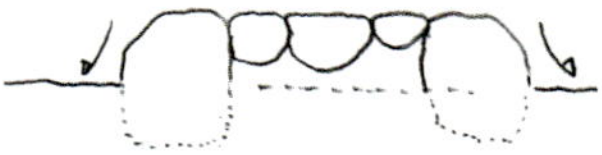

縁石は末広がりにすると安定する

石をランダムに配していくほど難しいことはない

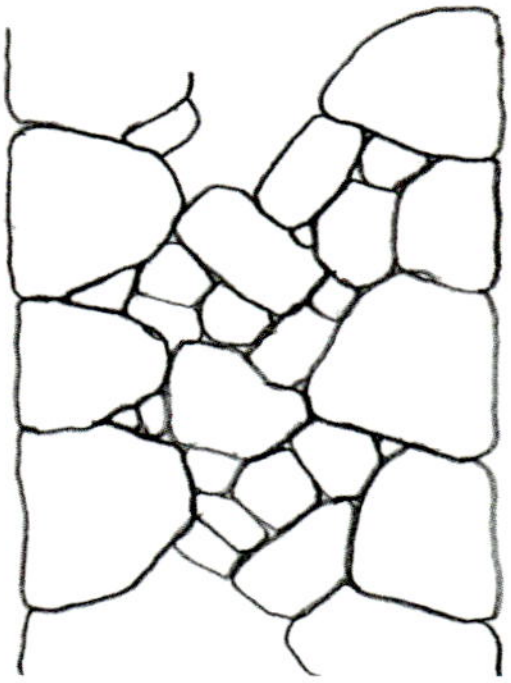

縁石は大き目にし、内側は中・小で埋めると安定感が出る

石ころを探す

納得できる野石をたくさん調達するには、普段から気に留めておき、山や川へ出かけた時には敷石に見合うものを少しづつ収集することを忘れてはなりません。

もちろん、造園の材料屋さんや建材屋さんで手頃なものは購入できますが、それでは思い入れが薄く、どちらかといえば商品になりがちです。ところが、自然界に転がっている石ころには、得もいわれぬ魅力があります。

それらは当然ですが、すべて非売品です。自分で苦労して収集したものには思い入れがあり、愛着もひとしおです。とはいっても大量に手元に集めるには非常に時間を要します。

私が暮らす三河地方（愛知県東

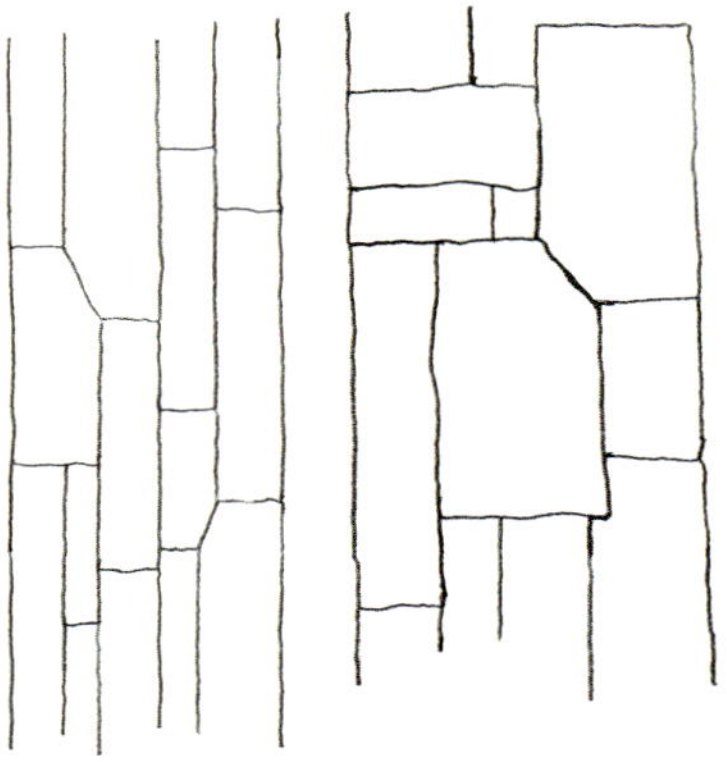

水平垂直の目地の中へ斜線を入れると硬い雰囲気が和らぐ

始めから終わりまで、同じ調子を保つのも難しい

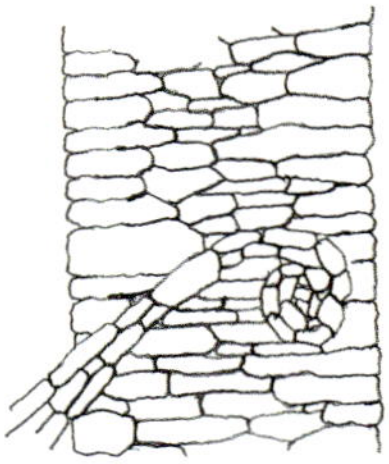

統一感のある敷石の中に意図的な形を挿入する場合は、美醜の判断は例外

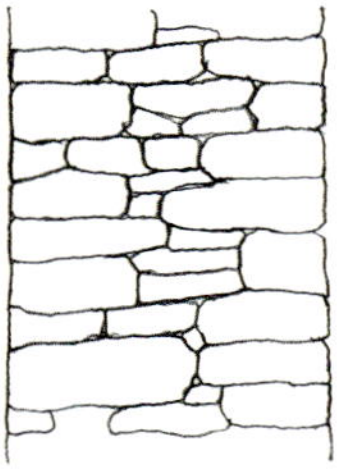

縦目地横目地を計算し、意図的に通すことで美観が生まれる

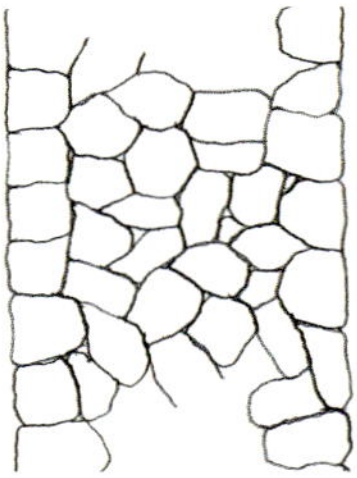

敷石の禁忌＝目地が線状に通ってしまい、同じ形、同じサイズが揃うとおもしろ味に欠け、小気味良さも出ない

同じ姿勢でじっと手元を見つめながらの作業は強い意志が要る

部）では、農場を営む人たちに田畑の開墾を一手に引き受けている業者がおります。私はそこへ出かけ石ころを採集しています。

農閑期に田畑を耕していますが、その時に農作業の天敵というべき石ころがたくさん出ます。この石ころを処分するのに一時的に仮置きする場所があります。私はそこへ出かけ、地権者の方へお話をし、分けていただいております。

本書を手にするみなさんが暮らされる土地にも意外なところにあるかも知れませんので、先入観を廃し探してはいかがでしょうか。

また、建材屋さんが調達する採石場に行けば、砕石以前の原石が見れるかも知れません。それも収集効率を上げる賢明な方法の一つでしょう。

「見る」から「使う」へ

今では、まったく耳にしなくなったかつての「日本家屋」(和風住宅ではない)には、床の間という空間があり、四季折々の山水の絵や墨痕鮮やかな文字が描かれた掛け軸が下がっていた。季節ごとに軸は掛け替えられ、その前には花も活けられていた。この空間はその家のマイギャラリーともいえ、世界的に見ても例の無い、美しいものを愛でる国民性を表わしていた。

さらにこれだけでは飽き足らず、外にはこの国の景勝地に見る風景をスケールダウンさせたジオラマのような庭まで築かせていた。そこにはたくさんの植物や岩石が用いられ、小鳥たちはさえずり、季節の花々が咲き誇っていた。

その雰囲気は、町中でありながら、まるで山中のようなたたずまい。家の主人や客人たちは、床の間を背に外へ視線を移し、巡りゆく季節を感受していたのだろう。

このようにかつての庭は畳の上に座り、静かに鑑賞する「座観式」がほとんどであった。しかし、平成の今の住宅には畳も床の間も姿を消し、開口部も掃き出し窓から単なる腰高の四角い窓へと変わった。同じ座るにしても椅子とソファーの上となり、衣食住のすべてが昭和時代とは大きく変わってしまった。したがって「座観式」の庭では対応できなくなった。

何から何まですべてが大きく変わってしまった。その反面、時代が変わってもぶれないものがある。それが日本人のDNAに深く刻まれた「自然界への畏敬の念」といった「自然観」だ。

駐車スペースとアプローチ(公道と玄関ドアを結ぶ導入部分)を除いた、庭に当てるスペースの縮小化は今後もとどまらないだろう。だからこそ今の庭には多くの付加価値を創出しなければならない。

社会性の変化と庭に求める付加価値を探らずにして、今の庭は語れない。庭を「見る」から「使いこなす」にスイッチを切り替えるのは、その場に身を置きながら自然界からの微弱な信号を増幅させ、五感を刺激するための「ツール」としての庭なのだろう。

すまいに土の風合を

コンクリートとガラス、アスファルトで覆い尽くされた無味乾燥な都市部を除き、私たちの足元にあるせいか、あまりにも身近すぎて見落としがちなのが土。砂や砂利を産しないどんな土地にでもあるのが土。普段何気なく口にする「土地」という漢字も「土」と書き「地」を加えて「とち」と読み、改めて先人の智慧に頭が下がる思いだ。そして文明の発祥から現代までこの地球上で継承されている最も原始的な工法に欠かせないのが、土なのだ。しかし、これほど身近すぎる土が身の回りからどんどん消え去っている。こうした現状を憂いながら庭の中で活かし、日々の暮らしに潤いと素朴な風合いを与える土を素材にした工法４種を紹介する。

右上＝土塀（写真＝高橋良仁）／右下＝プチ版築（写真＝内海浩二）

左下＝日干しレンガ／左上＝泥に触れる子供たち（左上下写真＝山際大地）

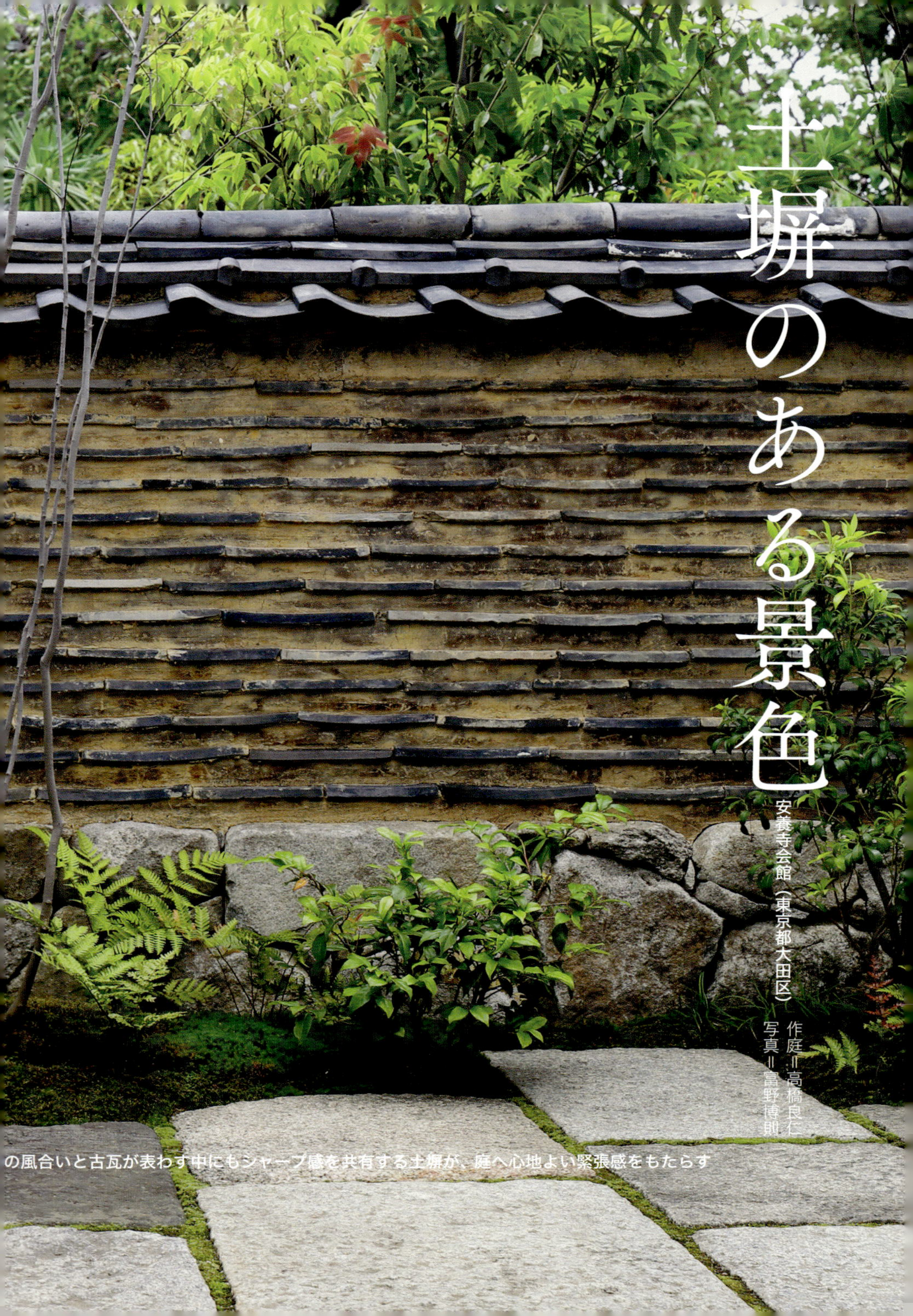

土塀のある景色

安養寺会館（東京都大田区）

作庭＝高橋良仁
写真＝富野博則

の風合いと古瓦が表わす中にもシャープ感を共有する土塀が、庭へ心地よい緊張感をもたらす

奇を衒わず、植栽や敷石と調和した景色を生む土塀を玄関から眺める

土塀をつくる

高橋良仁

❶　基礎へ強固なコンクリートを打設したのは、土塀に強度を出すため／❷　強度を出す角材を等間隔に立て、腰積を施していく／❸　腰積が仕上がりに近づく／❹　角材に垂木を打ち付け、土塀の骨格づくりをする

土、その豊かな表情と質感

苆《スナ》（主に藁などの繊維質のこと）や水、砂利といった素材を混ぜ合わせ、捏ねると力強く変化を遂げ、硬化すれば豊かな表情を出す素材が土である。

　さらに竹や石、瓦など異なる素材と組み合わすことで表情豊かな土塀が生まれる。

　土塀には独特の庭空間を構成する大きな力があるだけに、その用い方には繊細な感覚が必要。しかし、土塀ばかりが強調されてもおかしいし、現代建築との調和にも苦慮するところである。

　そこで、土塀を計画するにあたり、私が心がけているいくつかのポイントをあげよう。

❺❻　垂木に唐竹を水平に打ちつける／❼　ミキサー車から降ろされた泥コンの状態／❽　唐竹との間に泥を入れ、突き固めていく／❾　泥を入れ終えたところ

存在意義

遮蔽・仕切る・区切る・空間の軸として、他にもそこにつくられる土塀の存在意義が明確なほど、庭に大きな影響をもたらす。良い意味での存在感のある土塀だけに単にデザイン重視で構想すれば感覚的に軽くなったり、土塀だけが変に強調され、空間で浮いてしまう恐れがある。

建築との調和

土塀の土や泥は、元来味わい深い素朴な質感と色彩豊かな素材だけに、ある意味、多種にわたる現代の建築にも十分調和する。だが、そのフォルムと工法に組み合わせる素材しだいで大きく変わるので熟慮することが大切である。また、建物に対するスケール感を養うことも重要になってくる。

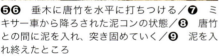

強度と風合いとのバランス

土塀の主な素材は泥。リスクは割れる・流れることで、それは逃れられない。しかしそのリスクを逆に活かせば独特の風合いが醸し出せる。その反面、現代では構造的に崩れない強度が要求される。

この意味で瓦を泥の中へ押し込めば泥の崩落は防げるが、強度を意識するあまり、土塀がもつ風合いは犠牲にしたくない。この矛盾との格闘が土塀づくりの難しさ。

会館の隣地は墓苑。玄関周辺の空間と庭との調和を考えて土塀を計画。そこを見定めるためにスケッチはもちろん、同じ建築設計事務所が手がけた外観の写真でシュミレーションを行った。建築自体のスケール感はもちろん、高さと厚さが決定的な判断となった。

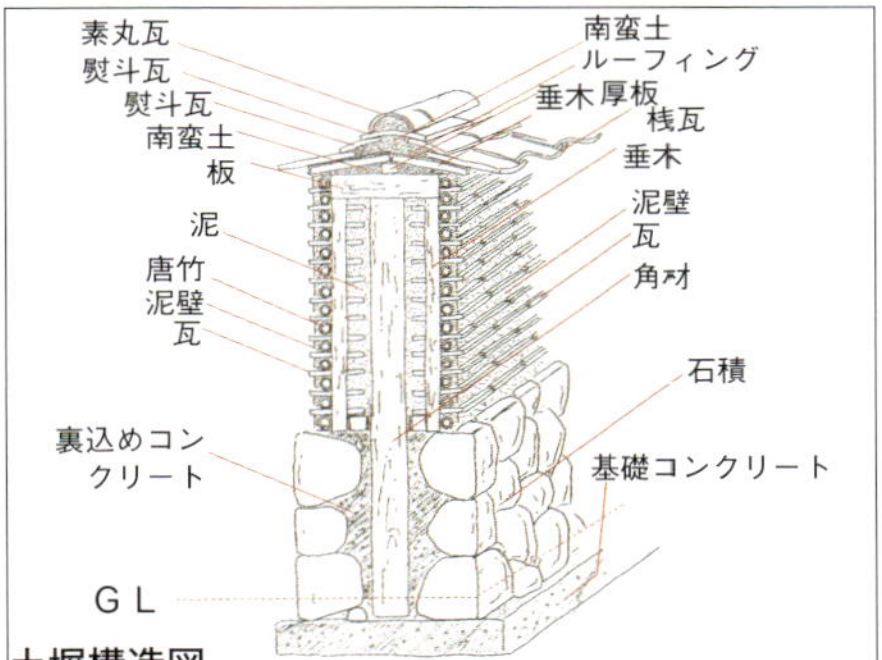

土塀構造図

⑩ はみ出した泥を鏝ですくい取りながら古瓦（熨斗瓦）を埋め込んでいく／⑪ 防水紙を載せ、笠となる瓦を葺いていく／⑫ 笠の瓦を葺き終わり、棟の瓦を葺き始める／⑬ 土塀の完成

土塀づくりの勘どころ

○土塀の骨格にと唐竹を等間隔で打ち付け、練った泥を版築工法のように突き込むように入れる。

○唐竹の間からはみ出た泥をザッとならし、竹と竹との間に古瓦（熨斗瓦）を挿入していく。

○挿入した瓦が、一直線に水平に見えることで功を成し、塀に気持ちの良いシャープさが生まれた。

○瓦と瓦の間の泥は、鶴首鏝でざっとならし仕上げる。

古瓦を多用した土塀は、古瓦独特の素材感だけにフラットな印象に陥りやすい。ところが鋭利さを失わずにシャープな素材感が出せたのは、強度を出す唐竹の直線的な構造が功を成したといえる。強度と風合いという矛盾から逃れなかったことが、いい結果を生んだ。

版築を楽しむ

河手伸紀

プチ版築は先ず、型枠づくりから

現代の庭にフィットし、塀という縛りを超えたものをと考案したのが、この単体ブロック工法を用いたプチ版築です。配置が自由にできるのが特長です。

伝統工法の版築、本来は木枠の中へ石灰・砂利・苦汁を混ぜ合せ捏ねたものを入れて突き固めますが難しく、今ではセメントを混ぜています。プチ版築もセメントを混ぜて簡素化しました。写真は、イベント会場のインスタレーションとして制作したものです。

制作は型枠づくりから始まりますが、突き固める力に耐えるよう足場板などの頑丈な材を使います。底には平らになるようコンパネを敷きます。

型枠の大きさは自由ですが、幅・奥行が四十五センチメートル以下になると重ねた時、安定性に欠けます。厚さも二十センチメートル以下だとクラックが入りやすくなります。このブロックには植物が植えられるよう穴を開けますので発泡ブロックを埋めました。

配合の割合

土はその土地柄で異なりますが、粘性度が高いと割れやすく、粗すぎると完成時にセメント色が強く出ます。やや細かい土に砂を混ぜて調整するのがいいようです。

混ぜ込みは手練りも可能ですが、モルタルミキサーを用いるの

❶ プチ版築製のブロック／❷ 材料をモルタルミキサーへ入れ捏ねる／❸ 湿り気は、手で握って崩れないていどがベスト

❻ 中央へ発泡ブロックを置き、その周りへ捏ねた材料を入れて突き固める／❼ 表面をはつりながら仕上げていく／❽ はつると風合いのある表面と化す／❾ 搬出待ちのブロック／❿ ブロックを重ねてセットアップを進めていく

がベストです。配合は土を四に砂を一、セメントは一の割合です。土に混ざる小石や多少の塊は気にせず入れます。普通セメントと白セメントを使い分け、色を少し変化させます。色粉は使いません。

最も重要なのが、水分量です。少し湿っているぐらいで、手で握って固まらないていどが頃合です。水分量が多いと硬くなり過ぎ、土の柔らかな感じが失われます。水はジョウロを使うと便利です。混ぜ終わったら枠の中へ均等に入れ、突きます。上部は鏝で水平に均してから次の土を入れる。これを繰り返して天端まで上がっていきます。

表面を掻き落とす

型枠を外すタイミングは、翌日の朝が良いでしょう。早く外す理由は、表面仕上げをするためです。枠を外した版築は、意外とツルっとした艶があります。

それでは土の質感が乏しいので草削りの鍬やバール、金槌で掻き落としていきます。

この際、時間が経ち過ぎていれば、硬化し過ぎて掻き落としは難しくなります。水分量を少なくするのも、硬化を遅らせる意味があるからです。

表面が硬化しても一週間は養生期間が必要です。この間、水に濡らさないように完全に乾かすことで、後の白華現象を抑制できます。

素朴で落ち着いた質感の土のブロックが、ひと工夫することで、庭の中で周りの物と融合し、素敵な景色を生み出してくれます。

洗い出しを楽しむ

山際大地

現代の環境に合わせた工法

関東では、洗い出しといえば、綺麗に角が取れ青味がかった「大磯砂利」（神奈川県大磯）と錆砂利の「桜川砂」（茨城県桜川）があまりにも有名です。

しかし、砂利とは別に土の工法もあります。茶室の犬走りに用いた三和土（たたき）の代用となる洗い出し工法です。

三和土は厚さ三寸以上打ち、手間暇もかなり掛ります。三和土といえば京都府の「深草土」があまりにも有名ですが、洗い出し工法であれば高価な材料を使う量が厚み一寸以下で済みます。

しかし近年は、ブランド品となった砂利や土は高価なだけでなく入手も困難です。そのため似かよった砂利や土で代用するようになってきました。

本物はとても味わい深く美しいですが、暮らし向きが変わってきた今、代用は悪いことではなく、現代の環境に合わせればとても良いものになります。その基本として土と砂利を使います。

砂利の洗い出し

先ず、大磯砂利のような川石系は、配合は三分ぐらいの骨材二に対してセメント一のみで練ります（珪砂を入れると施工は楽だが美しくない）。あらかじめコンクリート打ちした下地に八分から一寸の厚みに打ち、鏝で押さえ付けるよ

❶　深草土洗い出し始め／❷　深草土洗い終わり／❸　深草土仕上がり

うに骨材をそろえながら隠れるまでアマ（セメントのノロ分）を出します。アマが上がりにくい時は、ローラーを使うとより早く出てきます。

適当な（夏季と冬季では異なりますが）時間乾燥させて一度硬い鏝で押さえ直し、しっかり硬化したら流水でよく洗い流し灰汁（アク）が出ないようによく拭き取ります。

粒子が細かい砂の洗い出し

桜川砂など水を吸収しやすい石は川石系の大磯砂利よりも配合を濃くします。工法は同じです。土の洗い出しの場合、配合は真砂土四に対し白セメント一ぐらいに練ります。現場に合わせて砂利を入れてもよいでしょう（土の工法は使う土によって配合がまったく違います）。工法は同じように下地を打ちその上に一寸ほど打ちます。

打ち方は砂利とほぼ同じですが、あまり早く洗うと粒子が細かいために流れてしまいます。そのために砂利と比べて時間をかけます。固まりづらい冬場や時間のない時は軽く表面だけ洗って、たっぷりと水を張り空気が入らないようにシートを掛け次の日に洗い流すこともできます。

今回はほんの触りていどで基本中の基本ですが、骨材や配合、または、色粉を入れてもいいです。

新しい洗い出し工法といえば、粘土分の多い土の洗い出しや水を使わないドライ工法もあります。その土地でしか産出しない砂利や粘土、土を見つけるのも楽しく、これらの素材が好きになれば無限に広がる工法ではないでしょうか。

❹　１分大磯砂利洗い出し前／❺　洗い出し後／❻　大磯砂利のアプローチとマサ土による版築工法の門柱と深草土の駐車場

日干しレンガをつくる

山際大地

❶　子供たちも参加できる作業がこの泥を捏ねる作業／❷　藁苆と泥を混ぜ、捏ねるには裸足が一番いい／❸　捏ね合わせた泥を手に取り、枠へ入れていく／❹　枠へ入れた状態。泥の扱いは幼児も手伝うほどおもしろい

古代から現代まで続く工法

日干しレンガは、古代から世界各地でつくり続けられ、実際に現代でも使われています。日本でも建築文化と共に入ってきた土塀の古典的工法の一つでもあります。

あらかじめつくりおきしておけば現場での作業や運搬が容易で、短時間で大きなものが構築できます。また熱にも強いため窯や炉にも使えます。さらに手づくりなので用途に応じた形や大きさも自由です。本来力仕事の泥壁工事ですが、女性や子供でも楽しめることが何よりです。

裸足で踏みながら練る

日干しレンガは、どのような土

❺　枠から取り出した状態／❻　積み重ねた日干しレンガにはオンリーワンの良さがある

でも材料になります。赤土や荒木田などの粘土質であればさらに容易になります。土に混ざる小石やゴミを取り除き、砂・消石灰・水・苆《スサ》を混ぜて泥船にします。

先ずは裸足で踏みましょう。練っている感覚が体感でき、何よりも良く練れるのです。ところが、長靴で踏むとなぜか踏み固めるばかりで良く練れません。それどころか長靴が脱げてしまいます、気を付けましょう。

長時間練る場合、消石灰のアルカリで肌が負けしてしまうので、田植え用のゴム足袋がおすすめです。なお砂分の多い土だとできないわけではありません。焼いたレンガ並みに硬くなりますが、つくり方はまったく違い、難易度が高くなります。

火を使うピザ釜などに使用するレンガをつくる場合、藁やもみ殻などで直焼きして割れないかどうか確認しましょう。

一度に数百個もできる

とにかく数多くつくるのが目的です。三～五個の型抜を複数つくり一人一組で担い、競い合うと楽しくなります。残った泥は水に浸けておくとレンガを積むときのつなぎに使えます。

型から抜いたレンガは、雨が当たらず涼しい場所で乾燥させるので、コンパネや板に載せてつくるとあとで運搬が楽になります。一度の作業で数百個もできるので、乾燥場所も考えましょう。季節によってカビが生えますので、たまに向きを変えるようにします。一ヶ月もすると乾燥しできあがります。

庭は「にわ」でいい

「庭に関係した仕事をしています」というと必ずといっていいほど「庭、あぁ〜ガーデンですね、いいですね」といわれる。もしくは「ガーデニングですね」と返ってくる。そこですかさず「いいえガーデンでもガーデニングでもありません、庭です」と応じると「では、日本庭園ですか」となる。どうでもいいと思えばどうでもいいのだが、筆者にとっては決して妥協できないこだわりがある。

「日本庭園」と聞けば少しは耳に心地よくはいるが、その反面、敷居が高くなり、生活感が欠ける。その上、「ワビサビ」とくる。こうなると庭が、ますます日常からかけ離れた遠い世界のように思えてならない。

庭がガーデンと呼ばれて久しいが「刀剣」は、「日本刀」といわれても「サーベル」とは呼ばれない。歌舞伎も能も日本歌舞伎とか日本能とはいわない。醤油は今や世界の定番だが「ソース」とは呼ばない。他に相撲も「ジャパニーズ・レスリング」ではない。着物にしても近頃は「和服」と呼ばれるようになったが「ジャパニーズ・ドレス」とは間違ってもいわせない。

ガーデンとは、そもそも古代ヘブライ語の「ガン　GAN＝囲む」と「エデン　EDHEN＝楽園」の合成語で、「楽園を囲む」が語源らしい。

一方の庭は、「庭園」と同意語と思われるが、「庭」は「にわ」と読む。「土間（はにま）」が略され、さらに「土場（にわ）」の「土」に繋がり縄文の匂いがする。「庭園」は「ていえん」で、神事・狩猟・農事を行う平らな所を指し、大陸からの外来文化がルーツ。庭が縄文であれば「庭園」は弥生の匂いが濃厚。まあ、小難しいことはいわず、日本人であれば「庭」は「にわ」と素直に呼べばいい。

これまでのようにこの国は、ますます国際化、カタカナでいえばグローバル化していくだろう。ただし、グローバル化とはなにも無国籍化することではない。海外からのものを認めつつ、日本らしさをより強く意識することが大切。より一層、庭を意識していきたい。

庭に木の温もりを

文・図・写真＝真子司朗

ヨーロッパを石造文化とすれば、日本は木造文化。衣食住すべてにわたり木と深い関わり方を続けてきた。まして庭となれば木は不可欠の存在。ところが経済成長と共に暮らしの場から、本物の木がどんどんと姿を消していった。同時に「外構」がエクステリアへと変わり、板塀は無機質なブロック塀へ、門扉は軽金属、そして竹垣は化石燃料を原料にした樹脂製へと化けた。時代が変わったといえばそれまでだが、あの木の温もりと手触り、質感は忘れられない。本章では、地元産の杉を防腐処理した材を用いて、庭と住宅との接点を重視したパーゴラ・ウッドデッキ・板塀から、木製家具までも手がける宮崎の作庭家・真子司朗さんの実例を紹介する。

上＝パーゴラのある庭（宮崎県国富町Ｔさんの庭）／右＝椅子／左中＝椅子とテーブル／左下＝テーブル

パーゴラのある庭

Tさんの庭（国富町）❶＝パーゴラとデッキは、宮崎らしい開放的な風景の中にある

Hさんの庭（宮崎市）＝冬の陽ざしを浴びるパーゴラ

Tさんの庭(国富町)❷＝パーゴラがつくるアウトドアリビング

Yさんの庭（宮崎市）＝狭小スペースでの実例

パーゴラをつくる

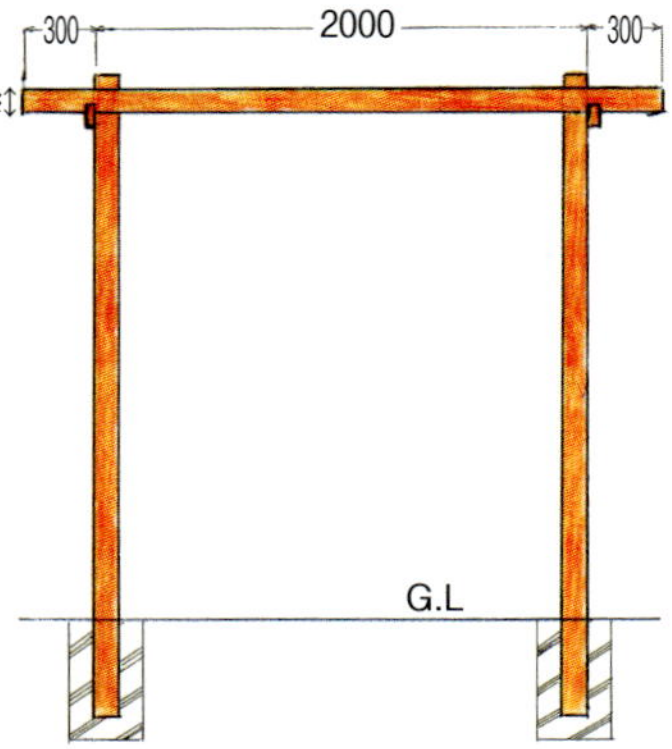

パーゴラの構造図　1

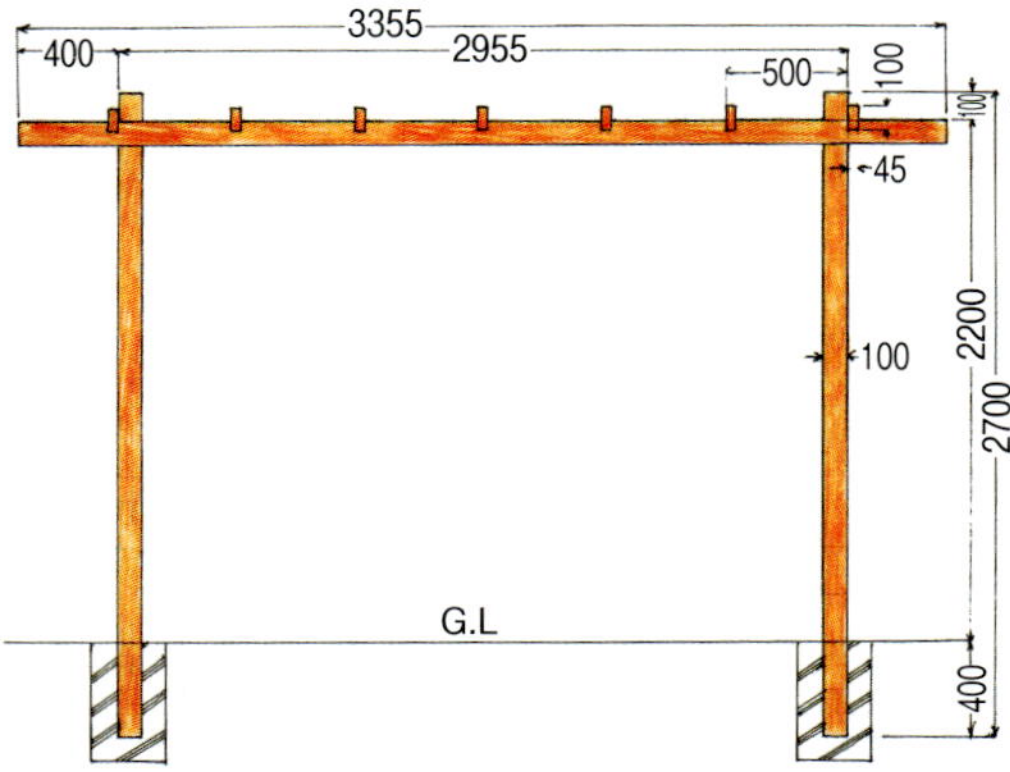

パーゴラの構造図　2

Tさんの庭（国富町）❸＝高さと幅との比率が見え方を左右する

直角と水平を正確に

ここに示した例は最もシンプルで基本的なことですので、工夫しだいで、さまざまなパーゴラへと変化していくでしょう。

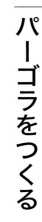

ご紹介するパーゴラの柱間は、間口三メートル、奥行二メートルです。水糸を張り、柱の位置を決めます。柱は水平器を使い垂直を確認し足元をモルタルで固めます。

最も注意したいのは、四辺の直角と柱の垂直を正確に出すことです。次に水盛缶を使い柱の高さを決め上部を切り揃え、桁を取り付けます。寸法に注意しながら桁をビスやスクリューボルトで固定します。この時、クランプを使うと作業がしやすくなります。前後の桁を取り付ける際、柱がぐらつかないように垂木の端材で仮止めし

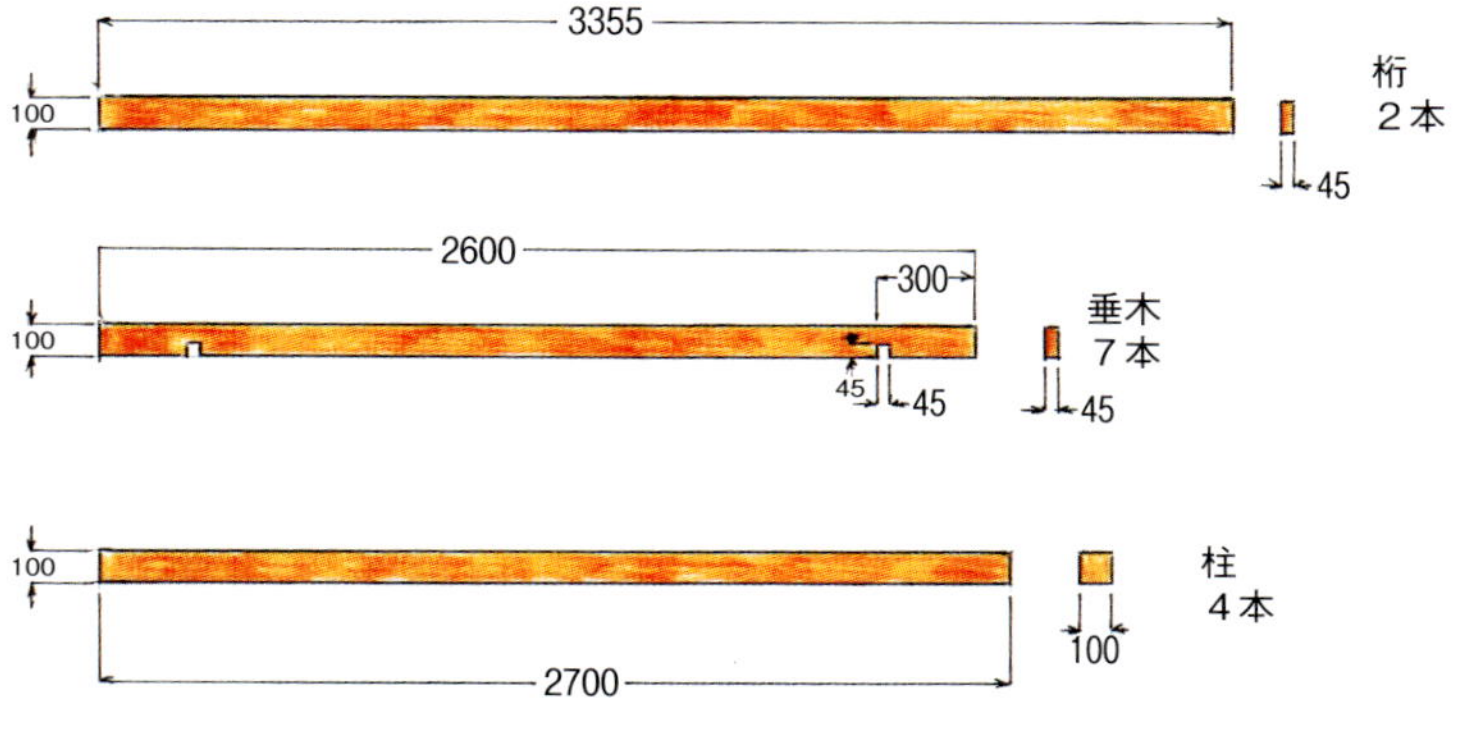

パーゴラの部材寸法図

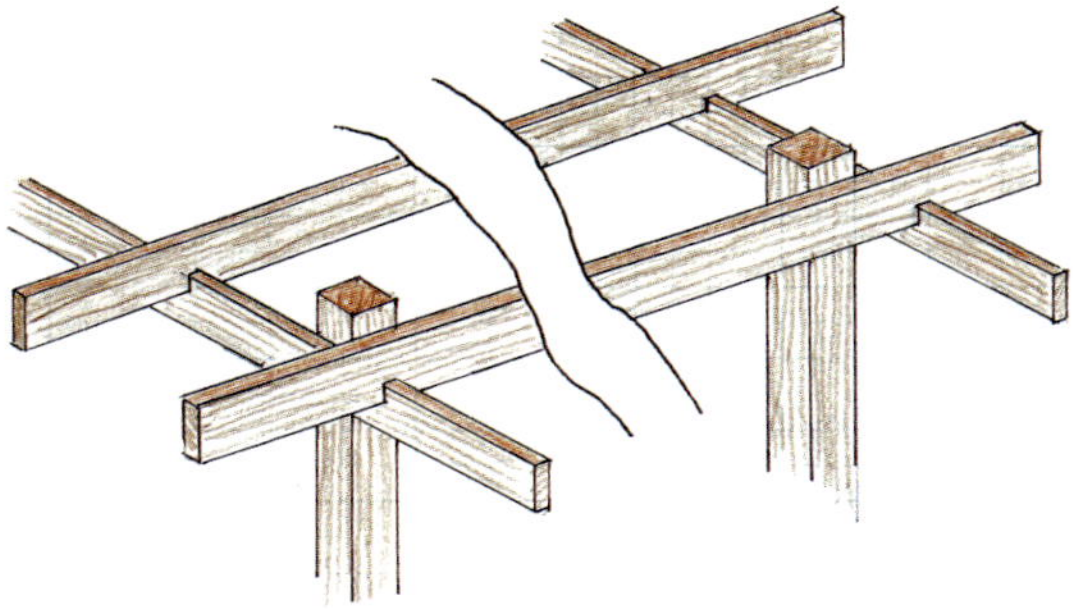

パーゴラ組立模式図

てください。この時、天端に載せる垂木の本数に応じて桁に印をします。垂木を並べ終わったらそれぞれをビスで固定します。

創意工夫で多彩なものに

このパーゴラに使うパーツ、図にあるように、各パーツの寸法はあくまでも目安です。柱は十センチ角でも九センチ角でもよく、桁や垂木についても同じです。軽やかにつくりたければ、細めの材料を。重厚さを出したいのであれば、少し大きめの材料を使用します。

垂木の先端の角を丸く加工したり細くしたり、ひと手間かけると装飾的になり、おしゃれに感じます。デザインも施工方法もつくる人の創意と工夫しだいで多彩になるでしょう。それがウッドワーキングのおもしろさだと思います。

ウッドデッキのある庭

Tさんの庭（国富町）❹＝回廊のようなデッキを張り巡らせた庭

Tさんの庭（国富町）❺＝デッキの上から秋を満喫

Mさんの庭❶（宮崎市）＝デッキは、アウトドア・リビングとして使える

Mさんの庭❷（宮崎市）＝木かげの下で読書から昼寝まで楽しめる

Aさんの庭（宮崎市）＝多目的に使えるスペースを木でつくる

ウッドデッキをつくる

Tさんの庭（国富町）❻＝住宅と庭を自由自在に行き来できるデッキ

Ｉさんの庭（宮崎市）＝カフェのような雰囲気

住宅と庭の重要な接点

一般的にウッドデッキは建築の延長線上と考えられがちですが、私は必ずしもそうは思いません。もちろん建物を引き立て部屋を有効利用するための設えではありますが、それはまた建物と庭とをつなぐための欠かせない重要な接点構成を合わせ持っています。それ故にウッドデッキのプランは庭の設計の中で考えるべきです。

雑木の木かげの下にデッキを張り出させることで、緑に包まれてお茶やコーヒー、バーベキューなどを存分に戸外で楽しめます。そのために私の場合ウッドデッキをプランするときは、同時にそこに合ったベンチやテーブル、椅子なども合わせて制作します。

よく経験することですが。庭の

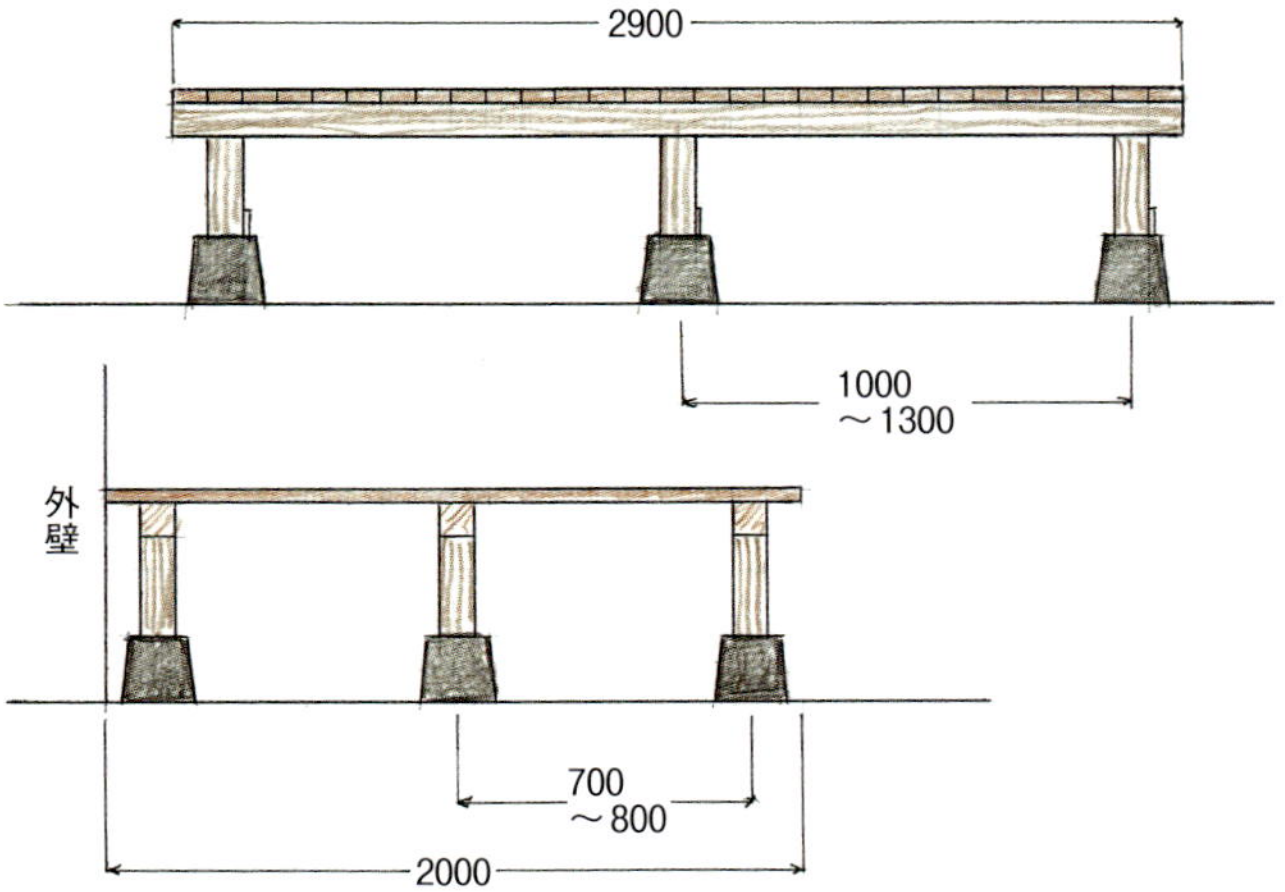

デッキの立面図

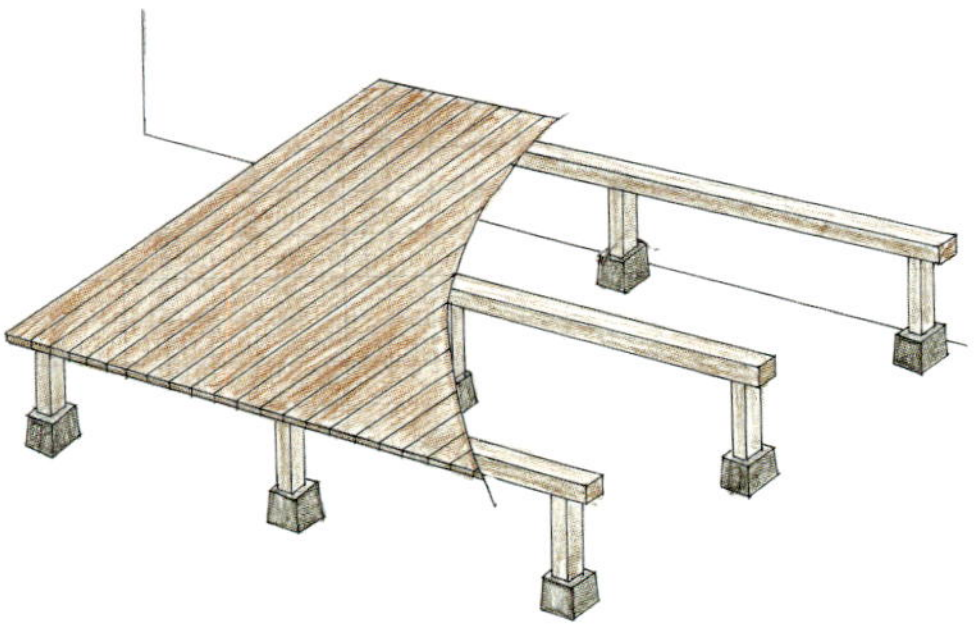

デッキの構造図

プランを依頼されて伺うと広いリビングの前に結構贅沢な材質のタイルを張ったテラスが設置されている場面にたくさん出会います。

庭と融け合ってこそ

「このタイルのテラスはあまり使わないのですよ」というお客さまの声をよく聞きます。私は迷わず、このテラスを木のデッキに変えることを提案してきました。

一見無駄でもったないと思える提案ですが、施工後は必ず喜んでいただいております。その証しに子供たちはすぐに木のデッキに出て遊び始めます。こんな光景を見ると庭と融け合うウッドデッキには、不思議な魅力が潜んでいると思わざるを得ません。これは住宅と庭を木という「縁」で結ぶ、昔ながらの「縁側」ではないでしょうか。

板塀のある庭

Aさんの庭（川南町）＝板塀によってのび伸びとした自由な風が庭に吹き込む

Tさんの庭（都城市）＝明るい陽気な宮崎の風土にふさわしい庭を板塀がフォローする

背景としての板塀

絵画でも、映画でも、アニメでもそうであるように、庭においても背景はとても重要です。

いくら美形の植木を配植しても、バランスよく庭石や水鉢を組み合わせても、そこにそれらを引き立てる背景が無ければ庭は完成しません。それが生垣や竹垣であり土塀でもいいのですが、私は多くの場合、板塀を設置しています。

板塀はアレンジしだいでいろいろな現代の建物に合わせることができます。生垣のようなメンテナンスも不要。竹垣に比べ耐久性が高い。土塀のような重厚さもない。

板塀が主役になる必要はないが、板塀の背景はやさしく、軽やかで私のつくる雑木の庭には良く似合います。

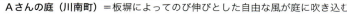

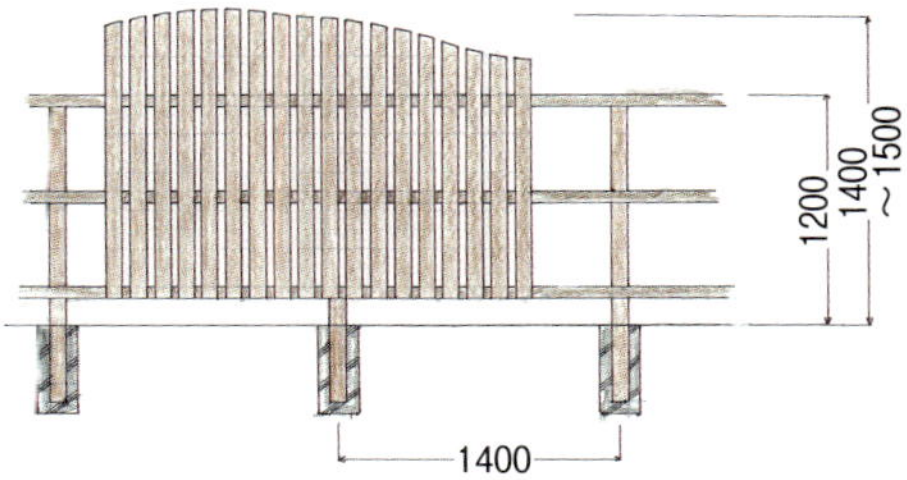

縦組による板塀の構造図

Kさんの庭（宮崎市）＝デッキと板塀が調和した景観

Kさんの庭（宮崎市）＝板塀が外観をやわらげる

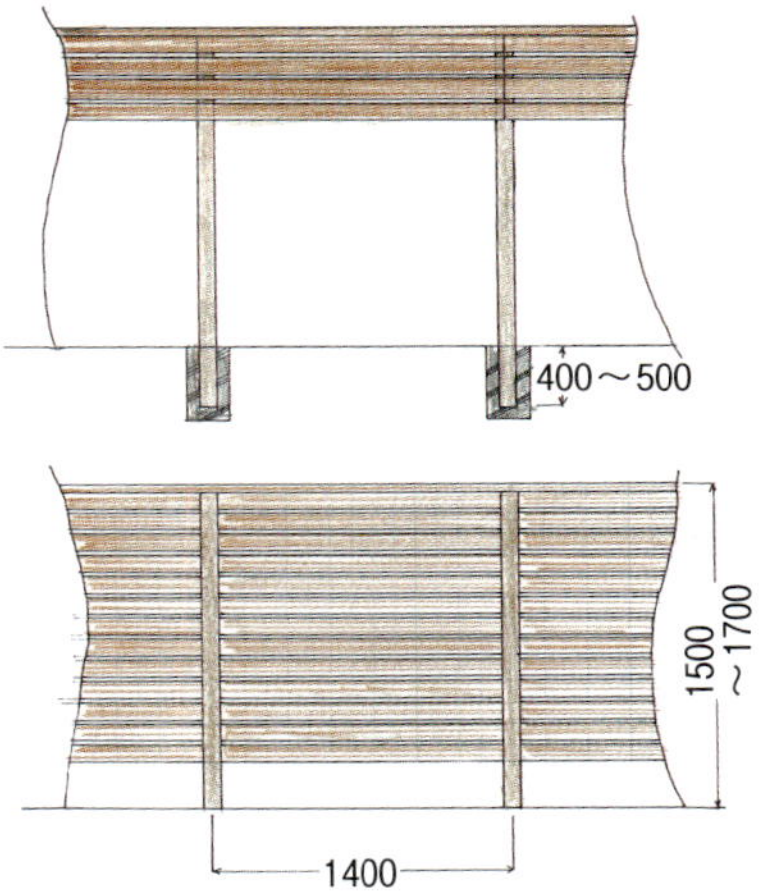

横組による板塀の構造図

Oさんの庭（都城市）＝板塀のデザインは自由

倒れない腐らないことが重要

豊富なバリエーションが可能なのが板塀ですが、余りに造形的な方向に走るのは好ましくありません。板塀はあくまでも庭の背景であり、外部とを結界するための装置です。主役ではなく重要な脇役。しかし脇役とはいえ、施工には細心の注意を要します。

先ず風対策。冬の強い木枯らし、春の嵐、夏から秋にかけての台風など、いろんな強風に見舞われます。一度倒れた塀を立て直すのは大変な作業です。次に木の腐食対策。今は防腐剤を浸透させた注入材を使うので以前ほど心配はありませんが、柱が地面と触れる部分はモルタルやパイプを使って対策をしなければなりません。それらをすべて実行して板塀は完成です。

ウッドワーキングのススメ

手づくりの温もりを感じる真子さん手製の椅子

庭は、戸外生活を楽しむ場

庭づくりという仕事を四十年近く続けてきて思うことは、今の時代において庭をつくる意味だ。ただ私のいう庭とはあくまでも個人の住宅庭園に限るが、その役割は明らかに昔とは違う。庭はもはや観賞するだけではなく、すまいと一緒になって、季節感を味わい、緑陰のもとに、戸外生活を楽しむという場になっている。

この庭を楽しむという行為に欠かせないひとつの要素に、私のいうウッドワーキングがある。生きている木も素晴らしいが、材になった木もまた植木と同等の良さがある。

パーゴラ・板塀・ウッドデッキ、これらは他の無機的な素材にはない人の心を癒す力が潜んでいる。

椅子とテーブルがよく似合う庭

庭暮らしのイメージにピッタリな椅子

テーブルにも椅子にもなるユニークな家具

やわらかみのあるテーブル

木を暮らしの場に

ある時は庭の背景。ある時は部屋の延長の戸外室。またある時は囲うという設えがもたらす、心安らぐ空間として。その効果と役割は決して少なくない。

板になっても柱になっても、木はまだ生き続ける。だから人は安堵するし、庭には潤いが生まれる。

それ故に私はウッドワーキングにこだわり続ける。

古来から日本人は自然と共に暮らし、その恵みにこうべを垂れ、祈りの対象としてきた。そこから生み出されるものに仏性を感じ大事にしてきた。それ故に天然の木である木材を生活の中にごく当たり前のように取り入れてきた。これからも庭を暮らしの場として捉え、木を取り入れていきたい。

庭づくりの主人公

「庭づくり」と聞けばつい庭師や植木職人が主人公と思われがち。だが、本当はその住宅に棲む人々が主人公。したがって庭師も植木職人もそのお手伝いに過ぎない。

庭も住宅も、そこで一生をおくる人々から思えば、人生を過ごすステージのようなもの。だから棲み手側が主人公であるべき。この意味でいえば庭師も植木職人も、そしてガーデンデザイナーもガーデナーも、脚本家であり演出家なのだ。強いていえば、庭師はかつて総合プロデューサーだったといいたい。建築であれば棟梁と同等の立場で働いていたのだ。

その証しには、今、名園といわれる桂離宮や修学院離宮をはじめ、日本各地の古庭園から、海外でも有名な足立美術館（島根県）の庭など、どれもオーナーもしくはクライアントの名を冠している。

庭づくりを別の角度でいえば、織物にも譬えられる。縦糸をつくり手だとすれば横糸はクライアントになる。もっと深く探っていえば、その縦横の糸に紡ぐ作業をするのが庭師ではないだろうか。だから決して表舞台には表われない裏方といえる。

庭づくりで今も昔も変わらないのは、庭は、つくらせる側から思えば人生経験を豊かに積んだ人生最後の大事業であるということ。少年から青年になれば身に着けるモノを手に入れることから始まる。その次にクルマにしろ電化製品にしろ身体の回りに付くモノになる。さらに人生の伴侶をもち、家族を手にする。そして暮らしの場となる棲家を建てる。その延長線上にあるのが「庭」ではないか。

庭は棲家と一体不二の関係にある。だから家の設計時、間取り以前に先ず、庭に当てるスペースをいかに捻出するか悩むべきだ。その上で建築を考え庭も計画する。

庭は他のモノと違い、飽きたから、気に食わぬからと目の届かない場所へ隠せない。それだけに庭づくりの依頼時、より具体的な注文をすべき。庭はフルオーダーメイドであり、棲み手側が主人公なのだから大いにこだわりたい。

庭暮らしの草花たち

文＝小畑栄智

「庭づくり」が「ガーデニング」に取って替わられて久しい。「ガーデニング」は「フラワーガーデン」を指し、代名詞といえるほど、花が暮らしの場に主役として受け入れられている。しかし、たとえ主役だとしてもステージがあってこそだ。さらに有能な脇役の存在で主役は光り輝く。そのステージづくりと脇役のキャスティングをするのが作庭者本来の仕事である。一般に作庭者は、石積・敷石・植栽など、重量物の構築が得手で、花ものは不得手と見られがち。だが、花に精通している方々も少なくない。その一人、小畑栄智さん（宮城県白石市）の実例を紹介する。また、庭暮らしに最適な草花12種を選定し、それぞれの特徴を解説していただいた。

右上＝コレオプシス／左上＝エキナセア／右下＝イブキジャコウソウ／左下＝アジュガ・レプタンス／中央＝クレマチステッセン　写真＝小畑栄智

主役は草花

阿部さんの庭（宮城県川崎町）

写真＝豊藏 均

❶ 近隣に彩りを提供するオープンなたたずまい／❷ 石積の輪郭をぼかすイブキジャコウソウ／❸ 野趣にあふれる草花／❹ ジキタリス・サルビア・カラドンナ・ネモローサ（紫）の園路／❺ 足元を覆うブルーカーペット・オルラヤグランディフローラ

始まりは石積の土留から

山並みが遠くに見え、しかも雑木林に囲まれたロケーションに恵まれた高台にこちらの庭はあります。住宅は緩やかな傾斜地に建っており、石積の土留をつくって欲しい、それが当初の庭づくりの始まりでした。

土留は地元、宮城県産の石で積み上げた小端積です。裏込めには、大粒の砕石を使い、モルタルは一切使用せず、水はけのよい呼吸する石積です。

土は軽石や有機肥料、腐葉土などでふかふかにしてあります。もともと土が固く雨が降れば、ベタベタする造成地の地盤でしたが、周りのロケーションに合わせた、自然素材を使った有機質な土壌ができました。

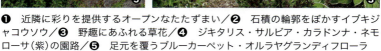

❻ 雑木林を背にした住宅にハニーサックル・カシワバアジサイ・ヤマザクラが景を添える／❼ 味わい深い石積を覆いはじめたヘンリーヅタ／❽ 白い花は、バラのポールズ ヒマラヤン ムスク

草花が主役の庭

作庭から七年以上が経ち、私が植えた植物と施主さんの植えた植物が一体に融け合い、まさにコラボレーションです。

施主さんは植物を挿し木をしたり種で増やしたりと、ガーデニングを楽しまれています。つくったばかりの頃は石積ばかりが目立つような庭で、どちらかといえば硬い感じでしたが、今ではタイツリソウなどが石積のアウトラインをぼかし、すっかり植物が主役となったようで、野趣に富んできました。

バラやヘンリーヅタが這い、タイムが呼吸できる石積は植物との相性がとてもいいようです。基本的な肥料は有機肥料のみのナチュラルなお庭です。

流れを草花で

南館さんの庭（宮城県蔵王町）

写真＝小畑栄智

❶　木道を渡ってウッドデッキに／❷　ロンギガリウスタイムを用いて流れの水を表わす／❸　草花が春の庭を彩る／❹　花の流れは、雪解け水を象徴している

草花で雪解け水の流れを

十年ほど前、起伏のある敷地に蔵王高原からの雪解け水をイメージさせるような流れの庭をつくらせていただきました。

しかし、その流れにただ水を使うのではなく、ロンギガリウスタイムを使うことにしました。五月にはピンク色をした花の流れが表われます。

花のない時期も常緑の葉の動きが水のような動きを連想させてくれます。

良好な日当たりを好むロンギガリウスタイムは木かげの庭ではうまく育ちません。そのために水はけを良くし、肥料管理と切り戻しやエアレーションにより梅雨時期の蒸れを予防することが大事になります。

香り立つ風

美容室 MATERI（宮城県白石市）

写真＝豊藏 均

❶　厳しい立地条件を克服させた植栽／❷　庭が店のイメージを左右する／❸　店を印象づける石積と植栽／❹　ラベンダー・ラバンジンの花で、風が香り立つ

美容室の庭

七年ほど前に手がけた全面アスファルトであった駐車場のスペースにポイントを絞った植栽中心の庭です。

アスファルト面より室内フロアが低く、大雨時に室内が浸水する可能性があり、水の上りが極端に悪く夏場の水切れが心配な環境です。そこで庭木回りに保水力のある土を使い、乾燥気味を好むラベンダー・ラバンジンを石積の間に植えました。上面にはロンギガリウスタイムをあしらってみました。

施主さんは美容師、さすがにカットが上手ですので七年経った今も美しいラベンダーの形を維持しています。追肥は有機肥料と緩効性化成肥料を使用しています。

草花の実験場

よっちゃんの庭工房（宮城県白石市）

写真＝豊藏 均

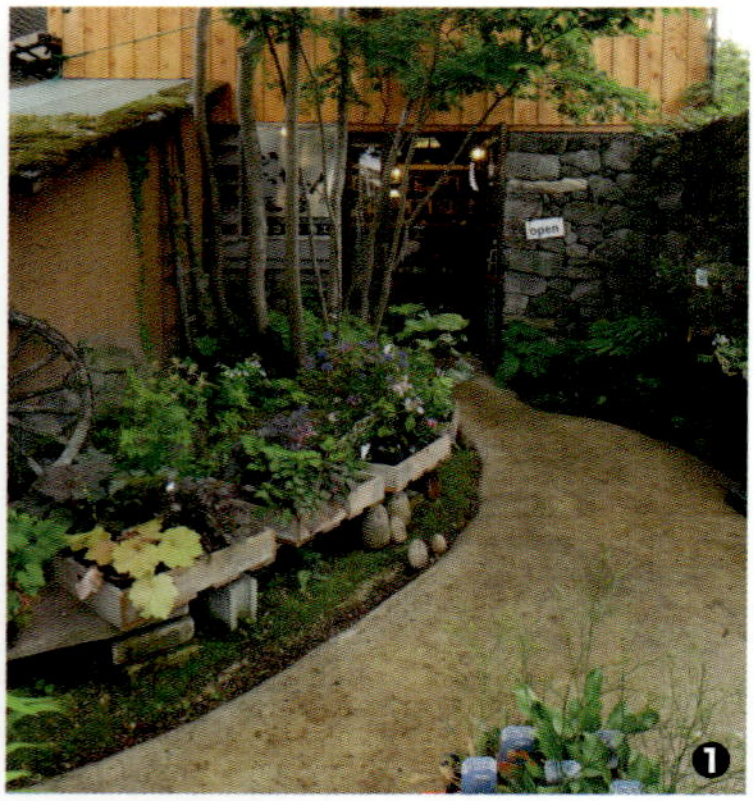

❶ アトリエは、街のランドマークの役目を担っているようだ／❷ 木かげでも繁茂する草花を定期的に植え替えている／❸ アトリエで非日常のムードが味わえる

木かげの庭に適した草花を

私のアトリエは、庭と花のお店を兼ねています。前庭は、木洩れ日の心地よさを道行く人に体感していただける木かげの庭です。

午前は日が差し、午後は完全に日陰となるこの環境に適する植物を探す実験の場として定期的に植え替えをしています。

ハウチワカエデの根元にヤグルマソウ・メタカラコウ・ミツバシモツケ・アスチルベ・ブルンネラ・ヤマアジサイ・テッセンが植わっています。肥料は有機肥料のみです。ボリューム満点の花もいいですが、私は繊細で奥ゆかしい姿も好きです。庭の草花にはたくさんの楽しみ方があります。ぜひ自分流の楽しみ方を見つけ、心豊かな暮らしを満喫してください。

❹　アンティークな小道具を用いて心なごむ眺めを提示／❺　清廉な空気を生むクレマステッセン／❻　工房の軒先にあるのがこの石積と水鉢／❼　花を添えるのも水鉢の使い方のひとつ／❽　初夏の訪れを伝えるヤマアジサイシチヘンゲ

土を知り草花を知る

小畑栄智

石積に野趣的な雰囲気と時間の経過を加えるのが草花

草花が好む生育環境

庭に彩りや四季を感じさせてくれるのが草花です。その中でも一年草よりも毎年芽が出る宿根草(しゅっこんそう)が、私のおすすめです。

園芸店やホームセンターでも、春から秋にかけ、いろんな種類の草花が置かれるようになりました。

育て方のマニュアルをラベルに記した宿根草も多く取り扱われるようになりました。開花時期やどのような環境を好むのかも、手軽にわかりますので安心です。

地域や環境によっても、育ち方や管理の仕方が違いますので、お店の人に具体的な管理方法を聞いてみるのもよいと思います。イメージ通りに咲いてくれると草花がどんどん好きになっていきます。

草花は適した環境に植えてあげることが先ず、何よりも大事です。どんな環境を好むのか、下調べをし、植栽のイメージをしてから植えましょう。

水はけの良い土壌を好む植物。保湿力のある土や湿地を好む植物。日当たりを好む植物。半日陰から日陰を好む植物。肥料の好きな植物、嫌いな植物もあります。それぞれの得意な環境に植えてあげましょう。

根が呼吸できる土を

植物を植える際、私がもっとも注意しているのは水はけです。雨が降っても水が切れないようなところでは、湿地を好む一部の植物しか育ちません。水切れの良い土とは土壌に酸素を送り込める土のことです。軽石や燻炭やパーライトなどをよく混ぜるのも効果的です。植物も人間と同じで、常に水があるような土では、根が呼吸できないために窒息します。根が下によく伸びていくように、深めの土壌改良をすることで、根が水を求め、地中に伸びた分、上へと生長する力が付きます。

そこで暗渠排水が大事になります。暗渠排水は場所により大がかりな工事が必要になります。暗渠排水が困難な場所の場合、私は盛土などで高低差を付けたり、石を積んだりして 水が切れるようにしています。

空気が流れるように植える

庭師の世界では、「木は威張らせて植えろ」なんて話を聞いたことがありますが、高植えにすることで水切れをよくし根の張りを良くする知恵でもあるのだと思います。植え付ける時、横の株張りを考え広めに植えます。株張りが三〇センチメートルであれば一平方メートルあたり三〜五ポットと少な目に植えるようにしています。最初は隙間だらけで、たくさん植えたいのですが、ここが我慢のしどころ。株が育つ間隔を想像し、蒸れづらくなるように空気が流れるように植えると草花はイキイキと育っていきます。

下草の宿根草を庭に植えるとき、庭木の根本付近に植えると根に負けてしまうことがあります。

草花は肥料が必要ですが、庭木は強い肥料で樹勢を崩してしまうため、有機肥料や緩効性肥料を追肥し、緩やかに肥料を効かせていくのが好ましいでしょう。

楽園づくりに花は欠かせない

早春に有機肥料を庭木と草花に施し、草花には緩効性化成肥料を追肥します。

夏場に草花の葉の色が悪くなってしまいますが、その都度、薄めの液肥で調整するのもおすすめです。液肥は速効性で、しかもピンポイント肥料に適しています。

樹木と違い、草花は適した環境に植えてあげれば自然と増えていきます。その反面、樹木にはない肥料の施しをはじめ、エアレーション（根切り）・株分け・花摘みなどなど、作業は多岐にわたります。しかし、どれもきれいな草花を楽しむために必要な作業です。手をかければかけた分、草花は正直に応えてくれます。そして庭は楽園に進化していきます。

庭暮らしに最適な草花12種

文と写真＝よっちゃんの庭工房

イブキジャコウソウ

Thymes quinquecostatus シソ科

◆耐寒性多年草／常緑／ハーブ／花期＝春／花色＝桃色／草丈＝十cm前後／日照＝日当たり

◆グランドカバーに適した多年草。匍匐性で根を付けながら増え拡がる。葉には清々しい香りがあり、踏んでも大丈夫。冬でも常緑だが、根切りをすると毎年きれいに生えそろう。日本のハーブ。

イベリス センパビレンス

Iberis sempavirens　アブラナ科

◆耐寒性多年草／常緑／花期＝春／花色＝白／草丈＝三十cm前後／日照＝日当たり

◆別名はトキワナズナ。春に真っ白な花を株一杯に咲かせる。花壇の縁取りやロックガーデンに向く。花後に軽く切り戻すと夏場の蒸れ防止になる。耐寒性が強い。肥沃で水はけの良い場所に植えると良い。

エゾハナシノブ　パープルレイ

Polemonium yezoense' Purple Rain'

◆耐寒性宿根草／冬季落葉（暖地では常緑）／花期＝春〜初夏／花色＝青紫／葉色＝銅葉／草丈＝五十cm前後／日照＝半日陰

◆青紫の花も美しいが、シダのような姿と銅葉の濃い色で葉だけでも観賞価値がある。日較差が大きいほど葉色が濃く出る。高温多湿を嫌うため、夏場の蒸れに注意する。

クレマチス・テッセン

Clematis florida Thunb.

Ver sieboldiana Morren

キンポウゲ科

◆耐寒性つる植物／冬季落葉／花期＝春～秋／花色＝白い花弁に紫色の雄しべ／草丈＝二～三m／日照＝日当たり

◆テッセンといえばこの種を指す。春から秋まで節々に花を長期間咲かせる。深植えにして元肥を施す。枝が伸びたら横に誘引すると良い。

クロバナフウロ

Geranium phaeum　フウロソウ科

◆耐寒性宿根草／冬季落葉／花期＝晩春～初夏／花色＝紫褐色／草丈＝九十cm前後／日照＝半日陰

◆初めてフウロソウを植える方にもおすすめできる丈夫な品種。長く伸びた茎の先に咲く渋い濃紫の小花は庭のアクセントになる。夏の直射日光を避け、水はけの良い所へ植えるとよく育つ。

ゲンペイコギク

Erigeron　キク科

◆耐寒性宿根草／冬季落葉／花期＝晩春～初冬／花色＝白色～桃色／草丈＝三十cm前後／日照＝日当たり

◆白～桃色のグラデーションが可愛らしい小花。花期は長く、春～秋まで多彩な花と一緒に咲き引き立ての名脇役。性質は強健で放任で良く育つ。

西洋ジュウニヒトエ

Ajuga reptans　シソ科

◆耐寒性多年草／常緑／花期＝春／花色＝紫／草丈＝十㎝前後／日照＝半日陰〜日陰

◆日陰に強い。匍匐性で地下茎を伸ばして増える。雑草が生えにくくなるのでグランドカバーに向く。少し湿り気のある半日陰から日陰でよく育つ。春に一斉に咲く小さな花も可愛らしい。

タイツリソウ

Decentra spectabillis　ケシ科

◆耐寒性宿根草／冬季落葉／花期＝春／花色＝桃色／草丈＝六十㎝前後／日照＝半日陰〜日陰

◆別名はケマンソウ。花の形は可愛らしく大株になると見事。暖地では夏場暑くなってくると葉を落とし休眠する。乾燥は苦手。やや湿り気のある場所へ植え付け、春か秋に株分けで増やせる。

タンチョウソウ　カラス葉

Mukdenia rossii　ユキノシタ科

◆耐寒性宿根草／冬季落葉／花期＝早春／花色＝白／草丈＝三十㎝前後／日照＝半日陰

◆別名はイワヤツデ。早春、花茎の先に小さな白い小花をたくさん咲かせる。川沿いなどに自生する植物なので、湿り気のある場所が適している。日陰にも強いため、シェードガーデン向き。

姫紫センダイハギ

Buptisia australis var. minor

マメ科

◆耐寒性宿根草／冬季落葉／花期＝初夏／花色＝青紫／草丈＝六十㎝前後／日照＝日当たり

◆花は爽やかな青紫色。背丈も小ぶりで葉も細かい。性質も丈夫で放任でも毎年花を咲かせる。ただ、夏場の高温多湿時に弱ることもある。水はけの良い場所を好む。

ミツバシモツケ

Gillenia trifoliate　バラ科

◆耐寒性宿根草／冬季落葉／花期＝初夏／花色＝白／草丈＝六十㎝前後／日照＝半日陰

◆初夏に爽やかな星形の白い花を咲かせる。葉姿も涼しげで風情がある。西日や直射日光を避け、木漏れ日の当たるような半日陰に植え付ける。真夏の水切れに注意する。病害虫も少なく育てやすい。

ヤマアジサイ シチヘンゲ

Hydrangea serrata' Shichihenge'

アジサイ科

◆耐寒性落葉低木／冬季落葉／花期＝初夏／花色＝青色～桃色（土により変化する）／樹高＝七十㎝前後／日照＝半日陰

◆花付きが良く色彩に富んだ品種。西洋アジサイにはない小型ながら侘び寂びを感じる。剪定は花が終わったら直ぐに七月までに行う。

隠して見せる見せて隠す

都市における住宅の庭づくりは、先ず隠すことから始まる。それはプライバシーを守ることでもある。南正面が道路であれば、通行人からの視線をシャットアウトさせ、もしも電柱が立っていたとしたら移動（敷地内であれば移動費は無料）させるか、カモフラージュするように隠すべきである。

南正面が道路ではなく、隣家があればそこは、隣家の北側に当たりキッチンの窓や換気扇、それにトイレの窓も視野に入ってくる。要はいかに人の目からプライバシーを守れるかだ。それプラス、庭の景観を妨げる目障りな窓や換気扇は可能な限り隠したい。

こうした隠すことにコストが重なるのは都市の庭づくりにおける宿命かも知れない。これを怠ればせっかく庭をつくっても人の目が気がかりで落ち着いて窓も開けられない。カーテンかブラインド越しにある庭など、室内から眺めるどころか、庭に降り立つことも叶わない。これではあまりにもナンセンスではないか。

この隠すためのツールが塀であり、かつては竹垣であった。敷地に余裕があれば木を植えることでカモフラージュができる。

一方、都市郊外から田園、山間部における庭づくりも周辺の景観をよく観察しながら、長所をより強調させ、短所は目立たなくさせる工夫が必要。ここでいう長所とは、遠方に展開する風景だ。

地方で多く見かける庭は、形のよい山並みがせっかく正面に見えるにもかかわらず、仕立てた木を植えて隠していたりする。問題は植栽という高いコストを掛けながら風景を殺してしまったこと。周辺の景観を注視できれば、近くの丘陵地と庭を植栽によって取り込むことだってできる。

庭の景を妨げるものを植栽で隠すのが都市の庭。一方、郊外や田園地帯では、景観を隠すよりもむしろ、見せることに気を配りたい。いずれにしろ、ここでいう隠すも見せるも、樹木の隠れた潜在能力をいかに引き出せるかに大きく関わってくる。

庭師の道具たち

写真＝豊藏 均

下から時計回りに竹割（菊割）と弓形竹挽鋸（右）／手箒／両手鋏（地蔵形）／小刀・竹鉈／自作タコ／チェーンブロック

庭師の仕事は多岐にわたり実に幅広い。農業・花卉園芸・林業・土木・左官・大工・石工・水道・電気などなど、ざっと数えても５本指では収まらない。したがって道具も多種にわたり、庭師専門の道具などなく、他業種からの流用が多いことに気づく。強いて上げれば鋏ぐらいであろう。それに加えて東西南北に細長い日本列島の気候と風土は、その土地ならではの豊かなローカルカラーに彩られた道具を生み出した。これらの道具を詳しく調べた全国版となれば数冊にわたるだろう。そこで本章では、関西と関東とに分けて紹介する。関西からは清水亮史さん（大阪府茨木市）、関東では、米山拓未さん（横浜市）にこだわりの道具たちを披露していただいた。なお、道具の名称は各地域で異なることを、ご了解ください。

私の道具観

清水亮史

職人と道具との関わり

庭づくりからその後の手入れにいたるまで欠かすことができないのが庭師の道具です。

そのほとんどは職人と鍛冶職人とのやり取りから形づくられてきたものです。

これらの道具には必ず、気候風土・地域性・歴史・文化などが深く関わっています。

この諸条件を無視していい道具があると噂される物に安易に飛びつく前に、今一度自分が目指している仕事とは何かと、自分に向き合うことをおすすめします。

その仕事をいかに仕上げるべきか、そしてどのような仕事を目指すのかも重要になってきます。

庭師の仕事は、お施主の家の敷居をまたがせていただき、日々の

❶ ネコ台車
❷ チェーンブロック
❸ 手箒
❹ バール・ショウレン
❺ スコップ（角と剣）・植木屋バチ
❻ 二輪台車
❼ 鋸各種
❽ キリバシ（右）・剪定鋏（左）蕨手（下）
❾ 竹鉈・枝打鉈
❿ 目地鏝（右）・地鏝
⓫ 金ジメ
⓬ 両手鋏（京型）
⓭ 鋤
⓮ になない棒
⓯ 三又（チェーンブロック）
協力者＝伊庭知仁・永屋拓郎
＊各道具名は西日本での呼び方を尊重

暮らしを送る中で仕事をさせていただいております。

だからこそ、心地よく職人の動きを楽しんでいただけるような振る舞いを心がけていきたい。

その一つが道具が発する音です。騒音ではなく耳に快く響く音を私たち庭師は大切にしています。

職人が道具をつくらせ育てます。その一方、道具は職人を育てます。永く使い込み手入れをし、また使う。この繰り返しからモノを創る悦びの心が育ってきます。

道具を通し鍛冶職人への敬意や礼儀が身に着いた時、初めて鍛冶場の敷居をまたがせていただき、対話が始まります。今ある道具たちが対話によって創り出されたように、真の意味で自分にとっての完成形はなく、進歩あるのみです。

道具を知る

関西編

掘る

スコップ・鋤・植木屋バチ

穴を掘る、平らに鋤取る、溝を掘る、根鉢を掘り取るなど、状況に応じて道具を使い分けます。特徴的な道具に鋤や植木屋バチがあります。鋤自体の重さを利用しながら突き刺すように一気に根を切り、掘り進めます。植木屋バチは幅や重さ、角度などが数代にわたりながら完成した植木屋のための堀道具です。

右から、植木屋バチ・角スコップ・剣スコップ・鋤

突き動かす

バール・ショウレン

バール、ショウレンと呼ばれる石仕事には欠かせない道具です。場数を多く踏んだ熟練職人の気合いと腕力でもってしても石は簡単に動きません。ところがこれを上手く使えば位置や向きを微調整かつ繊細に決められます。ただの鉄の棒では無く、安全に効率よく仕事を進めるための知恵が詰め込まれた鍛冶職人が鍛えた道具です。

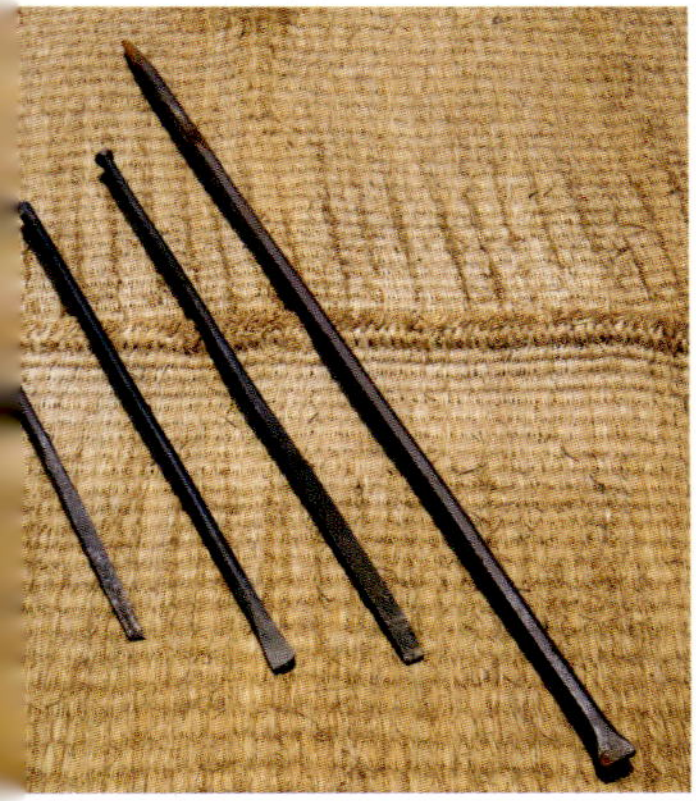

右から、バール・ショウレン（太・中・細）

挽く

剪定鋸・竹挽き・ガンド

小型の鋸は切れ味はもちろん、腰にぶら下げ、木の登り降りがしにくいようでは駄目です。要は仕事に使えるかどうか、握りやすいか、切り口が綺麗かどうか、ササクレが出にくいかなどで使い分けます。ガンドと呼ばれる樵（きこり）が使うような大きな鋸は、太い枝や幹、丸太などが短時間でたくさん切れますので大活躍です。

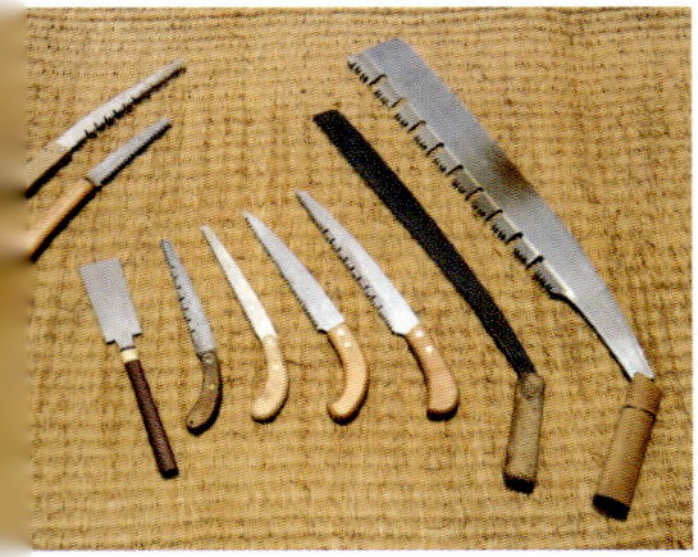

右から、ガンド（木挽）・剪定鋸・竹挽

刈る

植木鋏＝両手・京型

関東では刈込鋏と呼ぶそうですが、関西では「両手」と呼びます。刃の長さと厚み、柄の長さは、地域によって異なります。地域性や樹種と仕立て方を無視しても刃を傷めるばかりです。よく使うのは京型。慣れないと使いにくいですが、使いこなすとクセが染込み、心地良いリズムが生まれます。

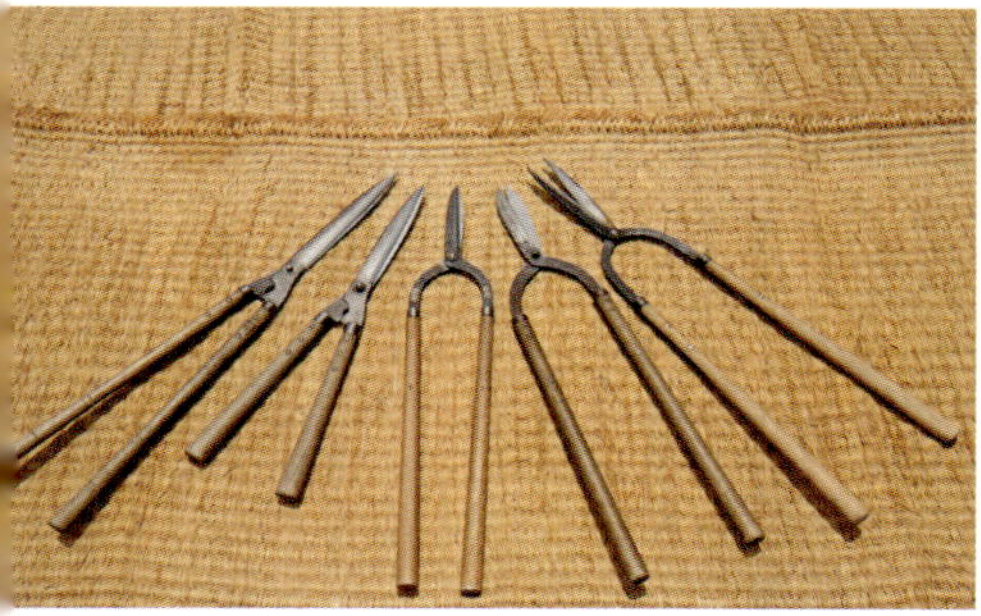

両手鋏（京型）

切る

植木鋏＝蕨手・キリバシ

種類・形・大きさは、木の仕立方や地域性に合った鋏を使うのがベスト。また有名な鍛冶職人が打った鋏が自分に合うとも限りません。機能性はもちろん大事ですが、響かせたい音、聞かせたいリズムも選ぶ要素の一つでしょう。心地良い音が作り出す空間美も庭暮らしの楽しみの一つです。

右から、剪定鋏・蕨手4種・キリバシ

払う

竹鉈・枝払い鉈・枝打ち鎌

鉈、鎌には、その用途によってさまざまな形があります。刃の長さ、重さ、この形になるまでのプロセスにはたくさんの意味が込められているのでしょう。使い込んでみて初めて手に伝わる感触がありま す。ただ、一歩間違えると危険なだけに不断のメンテナンスとバランスが求められる道具です。

右から、竹鉈・竹払鉈・箸付鉈・枝打鎌

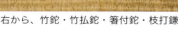

撫でる締める
地鏝・目地鏝

掘る・叩く・均す・締める・捲るなどを一挙にこなす植木屋独特の道具、それが地鏝です。重さ・大きさ・取付角度から柄の太さバランスなど、西日本独特の真砂土（花崗岩が風化した砂混じりの土）を扱う植木職人からの要望で行きついた形といえます。目地鏝は石張などで繊細な目地仕上げに用います。これも植木屋独特の形です。

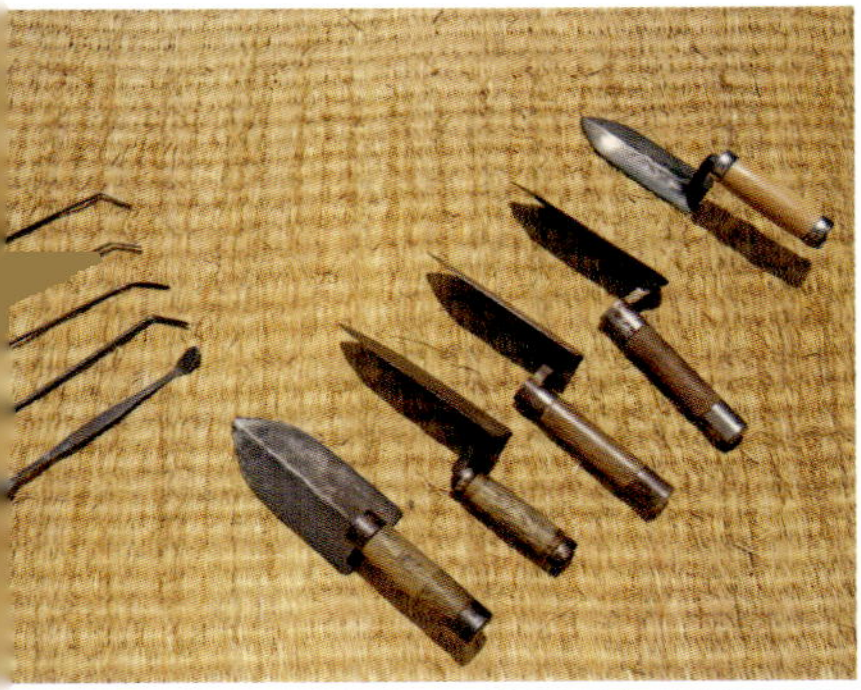
右から、地鏝5種・目地鏝5種

叩く
金ジメ

関西では「かなじめ」といいます。石仕事の際に、叩く・割る・突くなどすべてをこなしてくれる一つは持っておきたい道具です。頭部は鋼（ハガネ）を焼き入れしてあります。石仕事はつい加工し過ぎる場合がありますが、その場にある材料で自然に仕上げることが肝要です。そんな役割を果たしてくれる道具です。

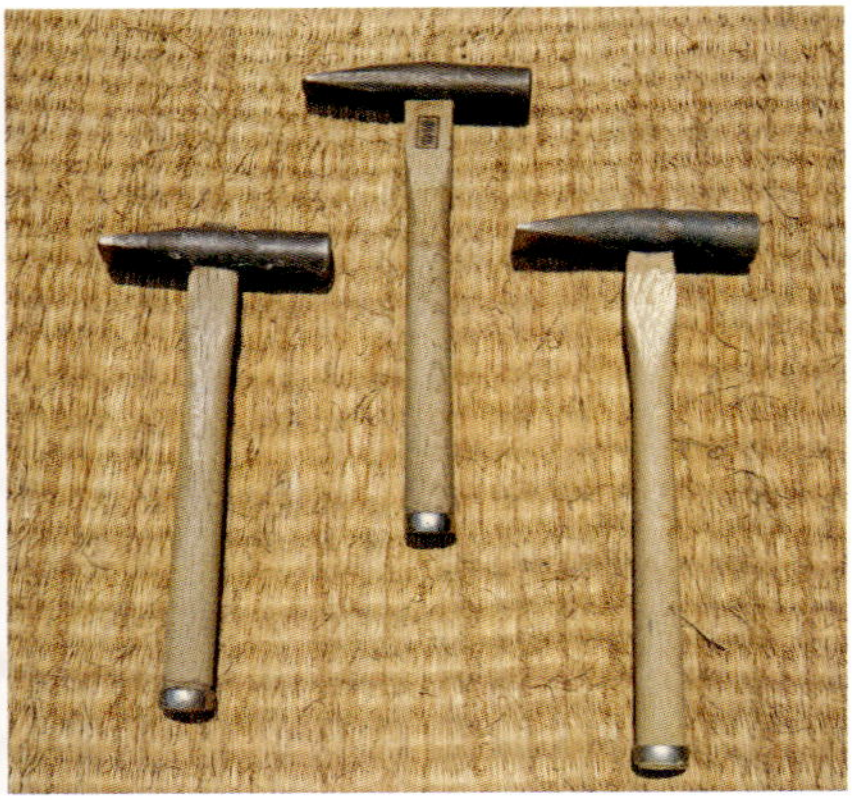
金じめ3種

運ぶ
ネコ台車・二輪台車

町家の庭づくりは、車両が入り込めない狭い路地の奥にあるのがほとんどです。そんな時、植木や石などの重量物を搬入するのに活躍するのがネコ台車です。いかに効率よく安全に、しかも小さな力で大きな物を運ぶかが、庭づくりにおいてかなり重要なポイントではないでしょうか。二輪台車とネコ台車は、対象物に応じて使い分けます。

ネコ台車（上）・二輪台車（下）

吊る

チェーンブロック

チェーンを両手でガラガラ、ガラガラと引く力だけで滑車と歯車の働きによって何トンもの重量物を釣り上げることができます。重機が発達した現代においても石の据え付けには欠かせない道具です。さまざまなバランス感覚を身体で体得し理解することが何よりも大事になります。

三又で石を吊る

吊り運ぶ

にない棒

樫など硬い一本の木の棒、これ以上シンプルで、これ以上原始的な道具はないでしょう。私が二十年以上使い込んでいる大切な道具です。肩に棒を載せ、手の力を使わずに身体全体の力で対象物を持ち上げ、一歩一歩移動します。相方との呼吸、歩幅などの連携が求められます。

石を担いだようす

掃く

手箒

現場に持って行かない日が無いくらい必要な道具です。雨の日は、倉庫で竹の穂を束ねてつくり、箒の良し悪しや、道具の大切さを身に着けます。手箒片手に蹲いながら掃除をすることで、庭の細かな所にも目が届くようになります。手箒とは仕上げの道具でもあり始まりの道具でもあります。

手箒

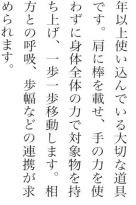

道具へのこだわり

米山拓未

質の高い手仕事には不可欠

庭師の道具といっても、庭はさまざまな素材と工法でできていますので、その道具は実に幅広い。既製品から手づくりの道具までたくさんありますが、どの道具も仕事がしやすく、手に馴染むように改良を加え進化しています。

日々仕事をしていて「こんなものがあったらいい」と感じ、鍛冶屋さんに頼み絵を描いてオリジナルの道具をつくってもらうこともあります。

柄が付く道具は、庭仕事で出た枝から曲がりやクセを見て何年か乾燥させて取り付けたりもします。それがまた楽しく愛着が沸いてきます。そのため私などは、ホームセンターで売っている安価な使い捨ての出来合いのものは使い

❶ コヤスケ・鉄平ハンマー・ビシャン・石頭
❷ 豆矢・板矢・セリ矢
❸ 弓形竹挽
❹ 銑3種
❺ 自作タコ2種
❻ 押し切り
❼ 竹鉈・小刀
❽ 手斧鉋
❾ 手斧
❿ 米山庭苑特注叩き鏝
⓫ カーペンター定規
⓬ 竹割

ません。それではクオリティーの高い仕事はできませんし、永く使えません。

いい道具は、時代を超えて残ります。当然、メンテナンスが重要、怠ると道具の寿命を縮めるばかりか、自分が仕事をしていて怪我をする可能性もあります。

特に刃物は、頻繁に研ぎ油を塗り、次の出番まで保管します。簡単に道具という方が多いですが、道具を見ればその職人がどんな仕事をするのか分かってしまいます。

刃物が錆びていたり、道具箱の整理ができていないのもいけません。値段や作り手も関係なく愛着を抱き、大切にし改良を施しながらオリジナルの道具に仕上げる。

それが質の高い手仕事に繋がるのではないでしょうか。

道具を知る　関東編

竹細工道具①
竹鉈・小刀各種

　庭づくりにおける竹仕事に使う刃物です。竹垣など二つ割にするには大きな鉈を使い、竹の太さによって使い分けます。薄く割いたりする繊細な竹細工では、用途により片刃のものと使い分けしますが、両刃の切り出しナイフは重宝します。花入れをつくる際、竹に穴を開けますが、ドリルではなく刃先の細い刳小刀を使います。

竹鉈・小刀

竹細工道具②
弓形竹挽鋸

　弦架鋸、弓張鋸とも呼ばれる現代のものとは違い、弓のような台に刃が付く独特な形状の竹挽きです。一昔前まで、竹挽きといえば替刃式でない弓形が主流でした。

　刃が薄く、細かい手仕事に使います。柄や刃も替刃式の今のものより頑丈な造りです。刃を研ぎながら使えば、耐久年数ははるかにこちらの方が優れているでしょう。

弓形竹挽

竹細工道具③
銑（せん）

　本来は桶屋の道具で、木材を削る道具ですが、私は材料の加工用に用いています。直銑は材木の皮剥きにも使えますし、内銑は曲線を付けながら削る時にと使い分けています。特にこの内銑、正月飾りの竹を削るのに使いますが、鋸と比べればその違いは歴然、何ともいえない柔らかい曲線で竹を削ることができます。

銑

竹細工道具④

竹割

その形状から菊割ともいわれます。割数から大きさまでさまざまで、その用途により使い分けます。竹の末口に、尖っている方を少し叩き込み、両手で元口の方へ力を加えながら一気に割り進めて行きます。鋳物製では割れたり折れたりしますので、鋼製がおススメです。

竹割（菊割）

大工道具①

手斧鉋（ちょうなかんな）

大工道具の鉋に刃を斜めに取り付けた道具で、関東の庭師の間では手斧鉋と呼ばれています。

垣根や庭門の柱など、皮を剥いた材へ一定の間隔で斜めに引きながら細かい模様を付けるのに使います。すごく手間暇が掛かりますが、これも庭師独特の手仕事の醍醐味の一つです。

手斧鉋

大工道具②

手斧（ちょうな）

柱や梁の表面を荒削りすることを「なぐる」といいます。庭では垣根や庭門の柱に用い、今はウッドフェンスやパーゴラの柱の面取りに使うとザックリとした風合いになります。特長は柄の曲がりで材はエンジュが一般的です。栗をはじめアカシアやクワも小判目と呼ばれる独特の模様が表われてきます。

手斧

大工道具③

カーペンター定規

大工の刻み仕事で墨穴定規とも呼ぶ定番道具でしたが、プレハブ住宅が増えた現在、知らない大工もいるほどです。鎌継、鎌臍組みと呼ばれる継ぎの墨付の際、この定規で柱を挟み、柱幅に合わせると墨の位置が自動的に芯にくる仕組みです。庭仕事では竹垣の源氏垣や板塀の角材の継ぎに使うと庭師の手仕事のこだわりを感じます。

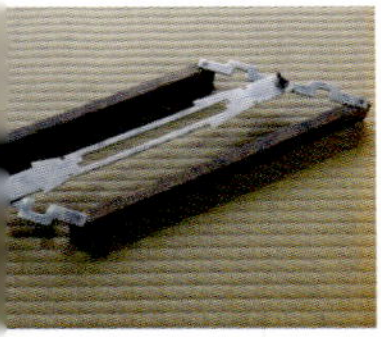
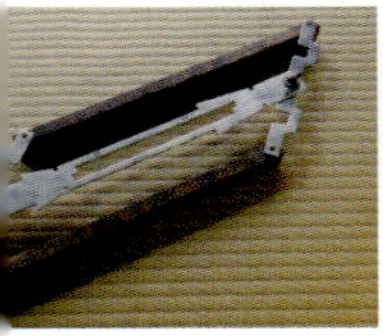
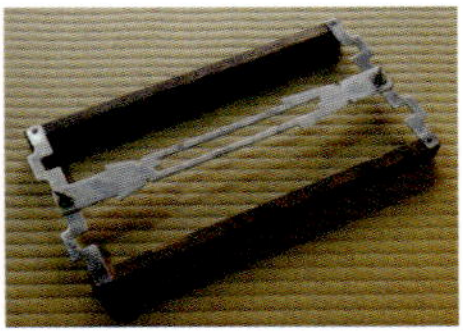

カーペンター定規

農具

押し切り

「飼い葉切り」とも呼ばれ、牛馬の餌にする藁を切るのに使われてきました。暮らしから藁が消え去った今、ほとんど見かけなくなった農具です。稀に農家や菜園づくりの人々や茅葺屋根の職人たちが使っています。庭仕事では主に杉皮を切ったり、土塀づくりの際、泥の中に入れる藁を切ったりするのに使います。

押し切り

左官道具

米山庭苑特注叩き鏝

大正時代の古いアイロンを改造した特注の道具です。昔のアイロンは鉄の質が良く底面も微妙なむくりがついています。既存の取っ手を外し、鍛冶屋さんでツルハシの柄を流用して付けてもらいました。三和土など土を叩く作業に使い、地鏝の何倍もの厚みがあるので締まりやすくむくりのお陰で非常に使い勝手がいい道具です。

特製のオリジナル鏝

石工道具①

板矢・セリ矢・豆矢

石を割る道具です。石の大きさにより矢のサイズを変えます。セリ矢は丸い穴を開けるのに対し、豆矢は四角い下穴を開けてから、矢を打ち込み石を割ります。板矢は主に板石を割るのに用い、断面はサンダーより柔らかくなります。コークスを使い矢を叩き直しながら永く使用します。

板矢（上）・セリ矢（右下）・豆矢（左下）

石工道具②

石頭・コヤスケ・ビシャン

庭師は多才です。石仕事はさらに多彩です。未熟なうちは大きな道具で力一杯叩き割ります。コヤスケや石頭が潰れるさまは、長年の仕事の証だと自慢したくなります。ところが多少石を知ると、軽い力で優しく割れます。使い込んでくると、先端が丸くなりますので研磨しながら使います。

右から、石頭（石筒）・コヤスケ・鉄平ハンマー・ビシャン・タガネ・鏨

土木道具

自作タコ

基礎の締め、敷石の叩き決めに使います。伐採で出たケヤキをよく乾燥させ、手斧でなぐりました。柄も長時間の使用でも負担が掛かりにくく、手が痛まぬよう太い丸太を面取りで仕上げています。何気ない道具も使いやすく、かつ粋な道具に仕上げるのも庭師のこだわりではないでしょうか。

自作タコ

自由で悦楽に満ちた庭

昔、「庭づくりの三種の神器」というのがあった。蹲踞・飛石・延段、もしくは延段の代わりに竹垣を設ければ、上手い下手は別にして誰にでもそれなりの庭ができた。

人が変われども土地が変わろうとも、住宅の様式が違っても金太郎飴のように蹲踞と飛石を取り入れた庭が蔓延した時代があった。

そのようすを揶揄する意味で、「三種の神器」を用いたのを覚えている。三種のうち蹲踞ほど魅力に満ちたものはない。職能団体開催の技能講習会で蹲踞を習ったら即、クライアントの現場で試したかったのだろう。蹲踞の形に潜む思想・哲学を学び、本質に迫れば今の時代に即したものができる。ところが形ばかりをコピーするので同じものばかりが氾濫した。この図式は今も変わらない。あちこちで見るバウムクーヘンのような版築がそれだ。この工法は中世からあり、洋の東西を問わない。

さて、その蹲踞だが、これは茶の湯の茶事に欠かすことのできない道具ともいえる。茶席に入る前に俗塵に汚れた身心を一杯の柄杓の水で清め、一服の茶をいただく。見方を変えれば宗教的であり、一種のドグマさへ感じる。

昭和時代後期の庭に大きな影響を与えた茶の庭だが、その中でも蹲踞ほど重要なアイテムはなく、亭主の心を映す代物ともいえる。

こうした茶事に用いる場を「露地」とも「茶庭」と呼ぶ。これ以外の「茶庭」を模した庭にある蹲踞もどきを筆者は「手水鉢」、もしくは「水鉢」と差別化して用いた。

茶の湯には決まり事がある。それだけに固定観念に陥りやすい。

また、茶の湯といえば家元制度を抜いては語れない。その制度の草創期に当たる江戸時代中期頃、手水鉢は個性を競うように自由かつバラエティーに富んでいた。今でこそ伝統というが、その当時は前衛的であり創造性に富んでいた。この精神を引き継ぎ、現代に開かせるキーワードが「自由」であり、悦楽に満ちたモノづくりであろう。それが本来の茶の湯であり、露地に表われてくるのだ。

庭の明かりを探る

日本文化に多大な影響を与え、庭の世界でも現代までそれ抜きに語れないのが茶の湯。中でも型破りな存在が石燈籠。本来は神仏に燈明を供える照明器具。それを数寄者たちは蹲踞という席入りのセレモニーに不可欠な設えに取り込んだ。近代に移ると露地どころか一般住宅の庭に不可欠なアイテムとして広く知れ渡った。だが、本来の照明器具から離れ、形骸化し、単なる飾り物となった。この燈籠の存在があまりにも大きかったせいか、庭の明かりは定義から開発まで大した進化もせず現代を迎えた。この意味でいえば庭の明かりはガラパゴス状態。しかし、それだけに無限の可能性を秘めているのも明かり。その可能性を大きく開く鍵が「自由」。その好例を坂本拓也さん(岡山県)と坂本利男さん(山口県)、お二人の作庭家にご紹介していただく。

右上＝Kさんの庭(写真：栗林和彦) ／左上＝LED電球(写真：坂本拓也)
下＝Iさんの庭(写真：兼行太一朗)

明かりは希望

中田さんの庭（岡山県高梁市）

古木の株からの強いメッセージが、見る者の意識の深いところへ訴えかけてくる

これまでの庭の概念に捉われない構成の核が、この古木の株

写真＝豊藏 均

古木の空洞に明かりがほのかに点る

明日への希望の象徴

文・写真＝坂本拓也

絶妙なバランスをもって据えられた古木が魅せる昼のようす　写真＝豊藏 均

大木の訴え

昔、近所の空き地に樹齢も樹種も解らない大木が聳えていました。私にはこの大木が、人に生きる歓びを与えているように感じました。命を絶たれてから二十年経った当時でもその空地の前を通る度に、なぜかこの大木の株は、自分の意識の深いところへ訴えかけてくる気がしてなりませんでした。その空き地に住宅が建つため、株が処分されると聞いた私は、何のためらいもなく譲り受けました。

しかし、この大木の株が陽の目を見るかどうか、確信はもてませんでした。でもなぜかこの株を主役にすればいい庭がきっと創れるような予感があったのです。ただ、今まで古く朽ちていく株を主役にした庭の実例は無いに等しく、ま

夕闇が迫る庭の中へ希望の象徴である明かりが、ほのかに点る　写真＝豊藏 均

た、それを受け入れてくれるクライアントがいるかどうかも疑問でした。この意味でも中田さんには、深く感謝しております。

生も死も歓喜

大木の株が私に訴えかけてくるような強い意志を、命の通わないこの株の声を届けるべく、また大きくしていくために株の空洞に明かりを点すことをひらめくように思い立ちました。

「生も歓喜、死も歓喜」本書で紹介していただいたこちらの庭は、生と死が共に含まれています。命を全うした大木の幹は、大きく空洞化しその内部にほのかに光る明かり。死を迎えた大木の株は長い時間を掛けて朽ちていき、そして土に還り、新たな命の希望となっていく。明かりとは希望を象徴する

電設ボックスのようす

絶縁処理をした光源のLED電球を空洞へ取り付けた状態

言葉としても使われます。

大木の株は「死」。空洞化した幹の中で光る明かりは「生」。どちらも希望を表しています。「生も歓喜、死も歓喜」という仏法の生命観を表わしています。

師の言葉をお借りすると

「死とは人間が睡眠時間によって、明日の活力を蓄えるように次なる生への充電時間の如きものであって、決して忌むべきでなく生と同じ恵みなのである」

大木の株も明かりも私の生命観の表れです。この庭で明日への活力と生きる歓びを感じていただく、これが私に庭を創らせる真意だと確信しています。

庭の明かりとは

日本でも古来から「死」への慰霊のため火を燈します。また、明かりや光を希望、いわば「生」への代名詞として用いてきました。

明かりは、生と死の象徴的存在として取り扱われています。

先ほどいいました、仏法的生命観からすれば同じ生命観で庭を観た時、明かりは、明日への希望の象徴であるべきで、これが本来の庭の明かりだと私は考えます。

庭の本質に基づく明かりとは

例えば、仕事から帰って庭の片隅でほのかに点る明かりを見て、ホッとし、そこで気持ちのスイッチが入れ替わり、疲れを癒し明日もがんばれると気力が蘇る。それが、庭の明かりの大きな役割の一つではないでしょうか。この意味で庭の明かりは、決して月明りを阻害するものであってはならないと私は思います。

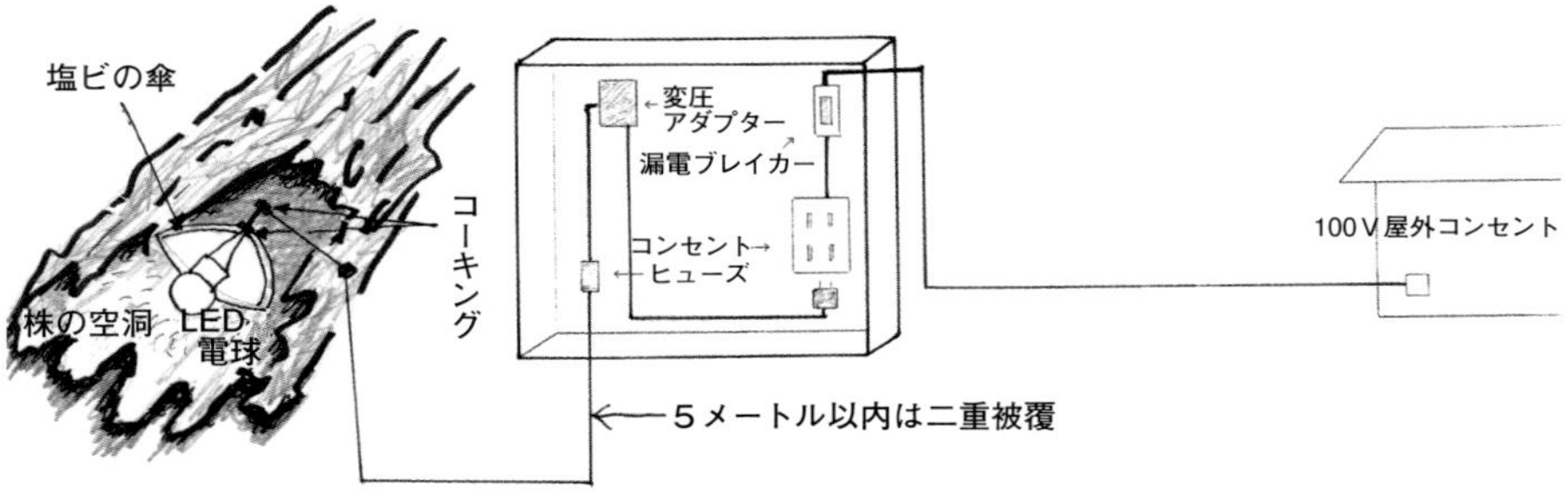

屋外コンセントから光源までの配線図(設置には電気工事士の資格が必要)

　新月から満月まで、昼にはない夜の美しい世界を古来より日本人は見い出してきました。さらに明るさだけでなく闇の存在にも意味を見い出してきました。これこそ夜の庭の醍醐味でしょう。建物から庭の片隅でほのかに点る明かりを目にし外に意識が向かい、さらに月明りや星の輝きを見、宇宙までも感受したのでしょう。その入口としての明かり、これが日本の庭の本質に触れた明かりでしょう。

配線と電設ボックス

　株の空洞内にある光源のソケットから五メートル以内に屋外用電設ボックスを設置します。建物から引いた百ボルトの電源コンセントの差込口を設置しますが、ここまでは電気工事士の資格が必要です。コンセントにＡＣ百ボルトからＤＣ十二ボルトの変圧アダプターを差し込みます。この変圧アダプターの先に二アンペア―ヒューズを取り付ければ、万が一漏電状態になってもここで切断されます。十二ボルトなら間違えて触れても比較的安全です。さらにヒューズからプラスチクボックスを経て光源のソケットまで行きますが、五メートル以内にした理由は、低電圧のロス防止です。用いるコードは一定の強度を持たせた二重被覆を用います。ソケットは防雨型、接続部分には癒着テープを巻き保護します。ソケットを覆う傘は排水用パイプを半分にカットしたものです。ボルトを通した穴に水の浸入を防ぐため、コーキングをします。電球は熱を持ちにくいＬＥＤ電球を用いています。

千変万化の揺らぎ

Kさんの庭（山口市）
文＝坂本利男
写真＝栗林和彦

住宅から照射した光を水鉢が受け、さらに後ろの塀に反射させることによって浮かび上がった光りの幻影を「水花火」とネーミング

日常の何気ないシーンにヒントが隠されている

Kさんの庭は、「水花火」と名づけました。夜、手水鉢の背景となる壁面に、光の反射による水の揺らめきが映し出される仕組みです。実はこの仕掛け、着工の遅れのお詫びとして以前から温めていた構想を初めて実現させた、Kさんへのサプライズ・ギフトでした。

「水花火」は、水たまりに車のヘッドライトが反射し、角度によって周囲に水の揺らぎが映し出されるという、日常の何気ないシーンをヒントに発案しました。

実際の施工では、事前に幾重にも研究を重ねました。その結果、光の反射を生み出すには、手水鉢の形状は真円でなければならず、外周に水を跳ね返えらせる縁も必要

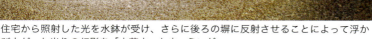

水の落下と水面の状況で、塀に投影する明かりは千変万化する

なことが判明しました。

　極めて精巧な仕上がりが求められるため、万全を期して熟練の石職人に制作を依頼しました。

　また、設置後には、照明の入射角に加えて、水量や落水のタイミングを入念に何度も調整。精密に修正を繰り返した末、私がイメージしたとおりの「水花火」が表現できました。

庭屋一如の設え

　こちらの庭には、日本人の心の琴線に触れる数々の〝風流〟を施しています。「水花火」の感動も、和室から眺められる庭全体の美しさとの共鳴の上に成り立っています。上座に座る〝お客さま〟の視線上には月が浮かび、なおかつ水面の反射による光の演出も繰り広げられます。さらに、上座左手に

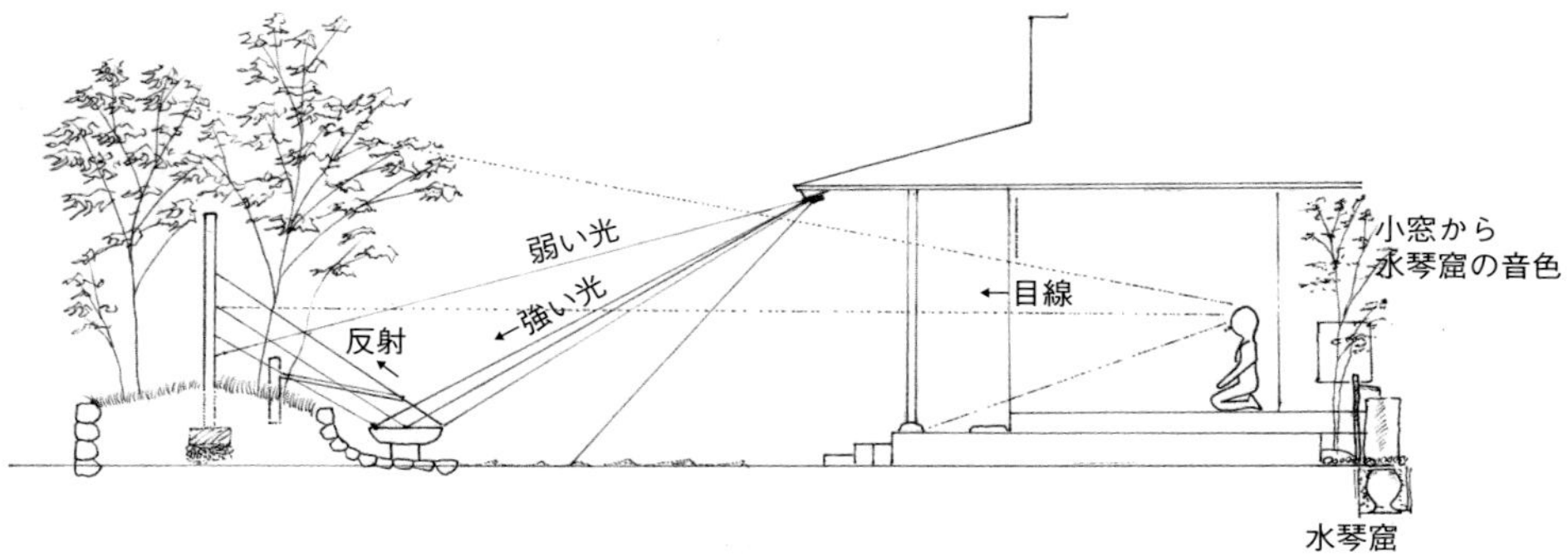

◎水盤の縁、10ｃｍ、水平に据付。水滴が落ちた瞬間、
月の光が一瞬、大きくなるように調節
◎バルブで水量を微調節

図①「水花火」の構成模式図

ある小窓の先には水琴窟を設けていますので、同時に音でも和の美しさを楽しめる設えです。

旧来の日本建築の多くには縁側がありますが、こちらの家は縁側ではなく、一段下げられた位置に三和土が軒下に沿って回されています。これらの構成によって庭への視界は最大限に広がりその上、水琴窟が奏でる音色がより耳に繊細に届くようになりました。こうした設えによって来客への〝おもてなし〟は最上級となったようです。

「水花火」は、庭の中の明かりのほんの一例に過ぎません。それほど明かりは、まだまだ未知の世界だからです。探れば素晴らしい光の世界が展開していくでしょう。

「水花火」の概要

○軒下にスポットライトを設置。水盤の水溜り部分の光が土塀に反射して、壁に月が浮かび上る。

○静かな水面より、月を表現。

○一滴の水が水面に落ちる度に、波紋が縁の端まで行き、月の光が一瞬大きくなる。

＊投影の模式図参照（図①）

○水盤に一滴の水が落ち、水面の揺らぎが壁面に反射し『水花火』を生み出します。水滴が落ちるタイミングと水面の波模様との組み合わせは、一つとして同じ揺らぎを生じさせませんので、千変万化の変化をもたらして見飽きることはありません。

＊動画「YOU TUBE『水盤　水花火』にて検索し、実際の揺らぎをご覧になってください。

土塀下の水鉢の水面に映るのは、すまいからの温かい団欒という明かり

人工と自然の狭間

Iさんの庭（山口市）
文＝坂本利男
写真＝兼行太一朗

自然の光とすまいからの明かりで演出する表情豊かな庭

「私たち家族が見るたびに楽しめる庭に。そして、来客や通行人にも楽しめる庭にしたい」。これがIさんの庭づくりのすべての始まりでした。この庭づくりを大きく三つに分けて紹介します。

一つ目。「魅せる仕掛け」です。先ずオリジナル土塀をつくります。素材は、近くの山を望む自然の風景に調和する優しい赤土です。設置角度は、陽の光によって枝葉が影絵のように楽しめるように計算しました。

二つ目。土塀の一カ所へ埋め込んだガラスに注目。萩市（山口県）の松陰神社前の橋に使用するために特注された作品を、特別に職人から譲り受けたものです。郷土の

内側からのようす

外の道路から見たようす

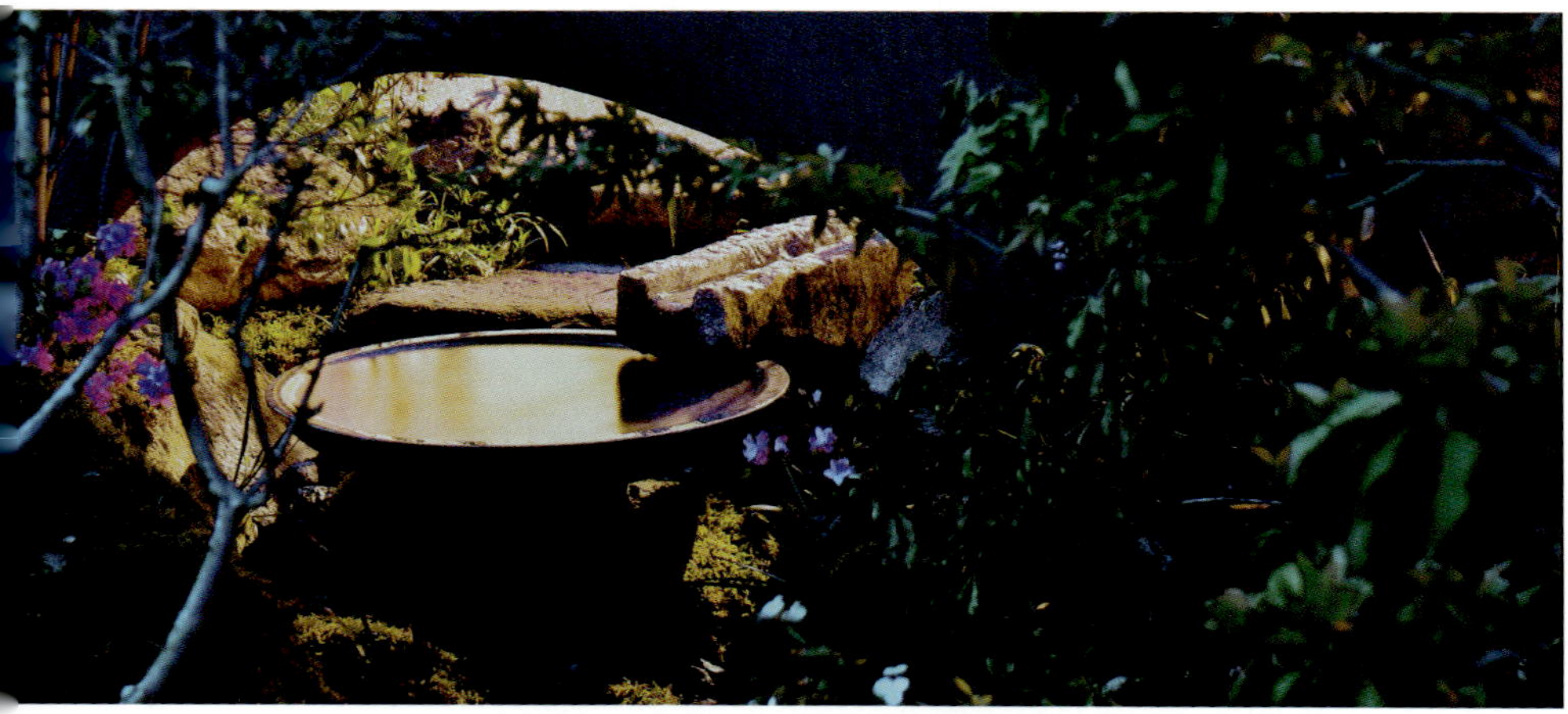
水鉢の水は、昼は自然光、夜はすまいからの人工の光を投影する

川のせせらぎをイメージさせ、日中は自然の光を吸収し青々と輝き、夜はすまいの明かりを温かく映し出しています。

三つ目。石樋と手水鉢と沢流れの構成の中でも特にこだわったのは、夜露の一滴が水盤の端に落ちるよう、石樋の末部分を鍵状に加工したことです。水の流れ、水滴の落下などなど、水の織りなすさまざまな音色が楽しめます。

すべては、美しく魅せるために

土塀をアール状に刳り抜いたのは、家と道路までの短いスペースに奥行き感を出したかったからです。これで水の流れを妨げずに、しかも圧迫感が無くなり、室内からも道路からも視認できます。

日中は土塀の外からの自然光を水盤の反射によって室内へと取り

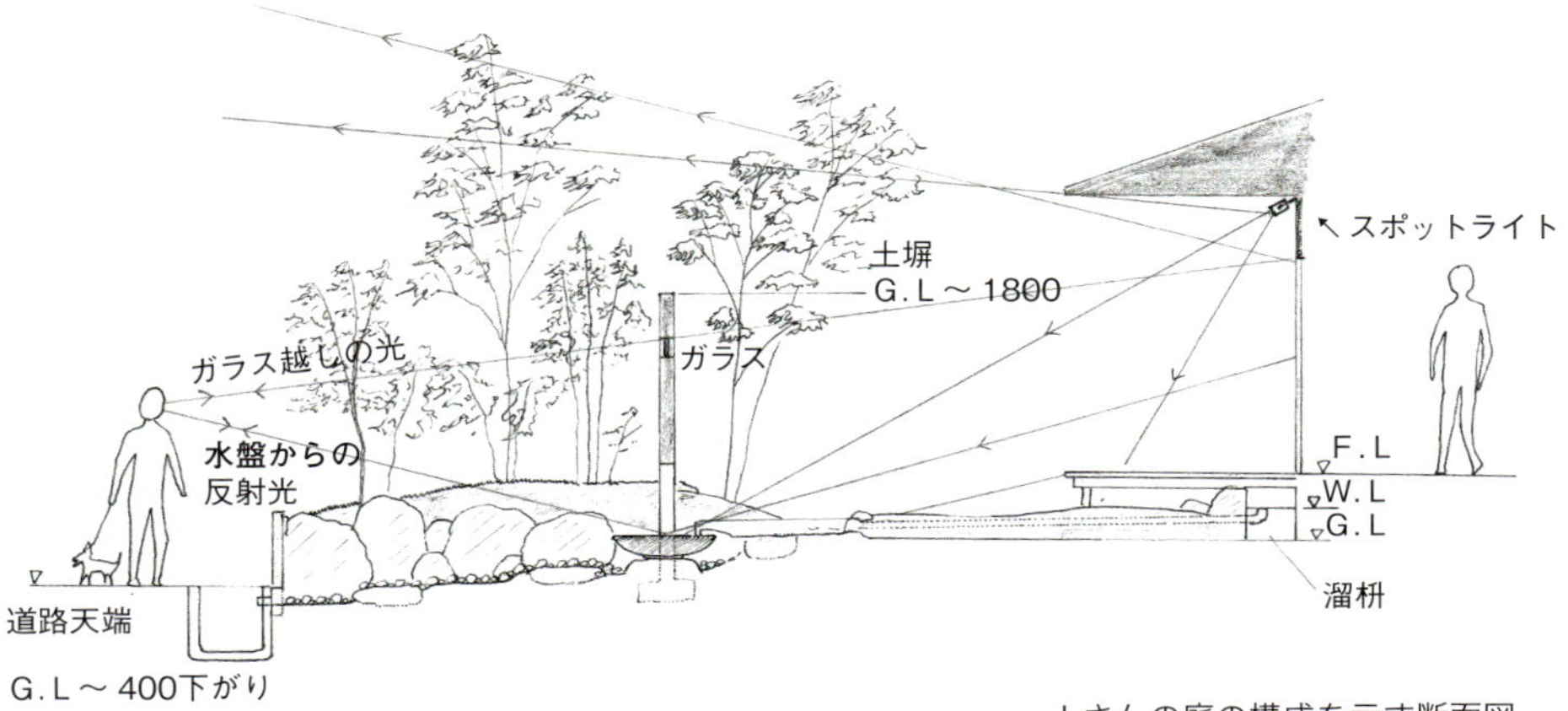

Ｉさんの庭の構成を示す断面図

土塀の中に埋め込んだ特製のガラス製小窓

こだわりを見せる石樋と手水鉢

込み、夜はリビングの明かりを水盤に反射させ、外の道路側から淡く温かなすまいの光が見られるという仕組みです。これも「水花火」の応用です。

照明の光の入射角と手水鉢の形。水量と水の落ちるタイミングなど、精密なセッティングが必要ですが、少年の昔に帰ったように楽しく夢中になれます。

「美しく魅せる」ためにすべてを調和させる。アール状に刳り抜いたオリジナルの土塀・埋込ガラス・手水鉢など、すべて精密な計算の上で大きさ、設置場所が決められています。「水花火」を始めとする、自然光とすまいの明かりによる表情豊かな庭の演出に真骨頂を抱きながら、これからも挑戦をし続けていきたいと思います。

「活私開公」

公共哲学の第一人者、山脇直司さん（東京大学名誉教授）は、今どきの世相を「日本ではこれまで、国や会社のために身を投げ打って自分を見失う『滅私奉公』の価値観や、その逆に世の中のことには関心がなく、自分さえ良ければいいという『滅公奉私』、さらに近年は被災者に限らず、孤立や貧困を背景とした自死に象徴されるような『滅私滅公』が増えてきている」と分析している。

こうした日本人の生き方を見る目で庭づくりの世界をのぞいてみると庭の見え方もまた違ってくるからおもしろい。

庭づくりは庭師や植木職人といった職方たちが主に手がけてきた。職人といえば今でもそうだが、親方と弟子という徒弟制度の中で技法が伝わってきた。技法を習得するには自分という「私」を滅しながら公けに奉ずる、いわゆる「滅私奉公」を絵に描いたような世界。

極端だが、この制度の中で生きてこられた職人は、クライアント、いわゆる施主が「いい」といえばそれまでで、第三者が口を挟む余地などない。社会がどうであれ、施主さえ満足させればすべてOK、結果オーライなのだ。

以前、「庭は、お客さんと私の間で成り立っている。それをあなたが間に立ってものをいっても意味をなさない」といわれた。これは、現代社会からの欲求や社会性に目を閉ざし、ひたすら仕事に精を出す「滅公奉私」の生き方。

一方、自分の生き方も社会に対する思いもないまま、ただ本能的に漠然と生きるのが「滅私滅公」。

これからの時代、庭の魅力を、さらに本質を求めながら社会へ貢献する生き方にと転換させ、元気を取り戻しながら個性を活かせる「活私」にと。さらに庭を通じながら他者との豊かな公共生活を開花させていく「開公」への方向転換をすべきだと提案したい。

そういった「活私開公」こそ、庭づくりに関わる人々の生き方になって欲しい。さらに庭づくりに限らず、すべての職域にも当てはまるビジョンだろう。

庭暮らしの雑貨たち

文・写真＝豊藏 均

これまでも、そしてこれから先も、庭は人の手で創られ、育てられ、守られながら私たちの暮らしを豊かにしてくれる。さらに自然界からの贈り物である木・土・石・水など、取るに足らない素材を人間の叡智で再構成しながら生みだす創造の世界は、進化を遂げる人工知能も及ばないだろう。こうした眼で庭暮らしに用いる雑貨を選ぶとすれば、やはり自然素材を主体に手工業的に生まれたものに行き着く。本章でご紹介する雑貨たちは、近ごろ目にしなくなった昭和の匂いがするものばかり。熟年世代は懐かしく、若年世代には新鮮に映り、上質で永く愛用でき、日常に寄り添え、毎日を丁寧に過ごし、ベーシックな暮らしのスタイルを大切にする庭のオーナーたちと庭の作り手たちにお届けする。

肥料振り籠　協力＝松野屋

基本は掃くこと

シダ庭箒(長短２種)とブリキ製三ッ手ちりとり

庭箒

日々の暮らしの中で欠かせないのが掃除。住宅では昭和の昔に電気掃除機が登場。今では掃除専門のロボットまで現れた。

庭掃除となると「管理が楽な庭を」という声が聞こえてくるが、その管理の基本中の基本が「掃く」こと。掃除が行き届いた庭の空気感は清々しいの一語に尽きる。この掃くのに必要な雑貨の一つが、箒。

これまで柄の長い竹箒かシュロを束ねた「土間箒」が主だった。ここに紹介するのは硬い繊維質のシダを束ねたもの。使い勝手がよくて今どきの庭にも馴染む。地苔の上をサッと掃くには、手箒が一番。掃除の仕方に応じて、ほうきを賢く選びたい。

通気用の穴で意外と簡単に火が熾る

底に台石を置くと安全

通気用の穴が開く

網もセットで販売

独特の輝きを放つ側面

そこに持ち出して気軽に調理できたのが「七輪」。炭を用いるのはこのトタンバケツコンロと変わらない。ところが、珪藻土を材料にしただけに七輪は重く、収納もかさばる。その点、トタンバケツコンロは軽くてかさばらない。耐久性を考えれば七輪だが、低価格と気軽に扱えることを考えればこちらに軍配が上がる。

このコンロには炭が熾《おこ》りやすいようにと底にいくつもの穴が開けてある。試しにこのコンロでイワシの目刺しを焼いた。脂が炭火の上に落ち、煙がモウモウと立ち込めるかと思ったが、少ないのは意外。普段のガスレンジとは違い、炭火で焼いたメザシはやはり美味い。そして何よりも冷や酒がよく合う。ぜひ、お試しあれ。

鋏に地鏝、手箒を入れたが、何を入れるかは自由

モノを入れる

肥料振り籠

　庭暮らしを送る中、使用頻度の高い鋏や手箒などを入れるのに重宝なのがこの籠だ。元々は田畑に肥料を振り撒くための籠だという。

　肥料を入れた籠を小脇に抱えて長時間撒くのはこたえる。そこでこの籠には、白木製の取っ手が麻紐で括りつけられている。見た目は一見、竹で編んだ笊（ざる）に見えるが、竹と竹との間に樺か何かの樹皮を挟み綿密に編み上げてある。そのため非常にしっかりとしたつくりをしているし、何よりも野趣に富んでいるところがいい。

　許されるなら露地の腰掛待合に置く煙草盆代わりに用いてもいい。これまでとは違った使い方、いわゆる「見立てる」ことの楽しさをこれらの雑貨たちが教えてくれ

庭に置いて「絵になる」のが本来の「添景物」

竹に樹皮を挟んだ緻密なつくり

この手づくり感がいい

ているようだ。

肥料振り籠に限らず、このような農具の類は、その土地土地で呼称も異なり、つくりも多種多様であったに違いない。また、使い慣れた道具たちが全国共通の形とは限らない。現代農業はある意味では機械化の世界であり、道具の形を大きく変えてきた。その進化の影で消滅した農具も多いだろう。

旅先で、または帰郷の際、伝統工芸品に触れる機会があるといい。その中から感性に触れ、庭暮らしにふさわしい雑貨に出会え、新たな使い方を見い出せたとき、ささやかな幸福感が味わえる。

過去から伝わってきた道具に新たな命を吹き込む、これが「見立て」の文化なのだろう。これを日々を送る暮らしの中で使いたい。

腰かける

三尺ベンチの軽妙なスタイルが、住宅の庭によく似合う

都市住宅の狭小な庭にこそふさわしい腰かけ
仕上げに安全な植物性オイルを塗布しているためその経年変化も楽しめる

丸椅子

作家の太宰 治の写真に銀座のBARで撮られたものがある。カウンターを前に右足を椅子の上に投げ出し、談笑するあの写真だ。その写真に映っている椅子が丸椅子だった。

かつては特別な椅子ではなく、街の居酒屋でよく見かけたものだが、今はさっぱりだ。ちょっとおしゃれなカウンターBARならまだあるかも知れない。

ここに紹介する丸椅子は、北海道産のタモ材でできたもの。ホゾを彫って組み込んだ木工芸品と呼びたくなる逸品もの。陽の光を浴びれば「陽に焼ける」というが、これを石油化学製品では「退色」という。だが自然素材では、これを「味わい深くなる」という。

丸椅子の頑丈なつくり

丸椅子(高さ60ｃｍ)

北海道産のタモ材を使用したベンチのディテール

工芸品ともいえる緻密なつくり

三尺ベンチ

すまいの庭の場合、ベンチというと大げさになるので、「腰かけ」といいたい。三尺は約九十㎝、この長さでは、大人二人が腰かけられれば十分。昔の映画やドラマでよく見かけたが、跨った二人が将棋を指すシーンが一番ふさわしい。

三尺という寸法は永い間、私たち日本人の多くが慣れ親しんできたスケール感であり、日本家屋にピタリと当てはまる。

普段は玄関の中へ立てておき、天気の良い日には外に持ち出し座布団などを干すにも適している。もちろん腰かけてもいいが、要は庭の中に置いて目障りになるようでは失格なのだ。それどころか置いてアクセントになるアイテムこそ、こうした木工品だろう。

足元を抜かりなく

日本の現代の庭では、やはり竹皮ぞうりを履いて歩きたい

自転車の古タイヤを張った裏側

足袋を履いてもよし、裸足もよし

竹皮ぞうり

竹皮を材料に手編みでできた履物。親指と人差指の間へ一本の紐を挟み、二本の紐で足の甲を固定する。この紐を鼻緒と呼ぶが、このぞうりには真田紐を用いている。

冬季の厳寒期以外の季節には足袋を履き、夏には裸足になりたい。足裏から自然素材独特の優しい感触が伝わってくるからだ。また、合成樹脂製品と違って足裏は蒸れないしベタつかない。

竹皮製では打水をする際、足裏が湿ってくるのではと不安になるが、底は古タイヤを貼り付けたゴム製のため心配御無用。

真田紐の鼻緒以外に白もあるがこれはお祭り用。このぞうりを履いたら上着もそれにふさわしいコーディネートがしたくなる。

立体成型で生まれたフォルム

締付ベルトが付く履き口

庭仕事だけでなく、街でも履けるほどデザインは優れている

ゴム長靴

農漁業の現場で酷使してきた、いわゆるプロ御用達のゴム長靴。手に持ち触ると軟らかくてフニャフニャ。そのため足からふくらはぎまで密着する。この軟らかさの秘密は原料にある。天然ゴムを工場で練り、靴型に合わせて成形。さらに窯で焼成するという手間暇かけた工程から生まれたもの。

履き心地がいいのは、膝下まである丈の長さのためだ。しかも履き口をギュッと締め付けるベルトがあること。ゴム長靴を履いて庭仕事をしていて困るのは、異物が履き口から混入し、足裏まで落ちてきたときのあの違和感。異物が入るたびに脱ぐようでは仕事にならない。ここがプロ御用達の大きな理由だろう。

庭でマイ・リゾート

近頃は五月半ばから「真夏日」を記録する。それほど地球温暖化が加速する昨今だが、温室効果ガスの排出を抑える機運は、いまいち盛り上がらない。

庭暮らしを楽しみ、樹木に寄り添うように日々を送る日常は、実は時代の先端をいっている。なぜかといえば、樹木の光合成によって大気が浄化されているからだ。

光合成とは、太陽の光エネルギーを化学エネルギーに変換する生化学反応のこと。光合成生物の代表である植物の樹木は、光エネルギーを使って水と空気中の温室効果ガスのCO2を炭水化物へと合成させる。その際、水を分解する過程で酸素が生じる。つまり、庭の樹木が、CO2と引換えに酸素を供給しているわけだ。

今の時代、光合成こそ、樹木がもつ最大の付加価値ではないだろうか。他にも樹木を植えれば木かげが生まれ、気温の上昇も抑えられる。樹木には自然の息吹を誘い出す力があり、人も樹木も共生しているという生命の連帯感が、人を善の方向へと導く。そして何よりも家族が呼吸する酸素の一部を、樹木たちが供給していることを知ると恩恵する感じる。

もう一歩踏み込んで、CO2の排出をさらに抑える意味で、遠くのリゾート地へクルマで出かけるより、自宅でゆったりと時を過ごす「暮らしぶり」をお奨めする。その暮らし方を日常から非日常へと脳のスイッチを切り替えるには明確なコンセプトが必要。

そのコンセプトが「マイ・リゾート」なのだ。たとえばウッドデッキへ椅子とテーブルを移動させ、テーブルウェアも変える。子育て真っ盛りの家族から熟年夫婦まで、庭先でランチをする。調理も後片付けもすべて軒先でできるよう、ミニキッチンを設ければ完璧だ。

梅雨入り前の初夏と夏が過ぎ去った後の初秋は、風も爽やか。世の中は行楽シーズンを迎える。そんな季節こそ、庭の設(しつら)えを日常から非日常にと趣きを少しだけ変える。これだけで我が家の庭は楽園へと化す。

庭を育み守る

文・写真＝福岡 徹

この国の温暖湿潤な気候と風土は、力強い生命力を草木に与え、枝葉は猛烈な勢いで繁茂する。この勢いを人間が手なずけコントロールして庭を不変の姿に保つ、これを「維持・管理」と呼んできた。さらに樹木の姿を一定の形に整える「整枝・剪定」という技法を生み出し、発達させてきた。

本書では既に一般的となった「維持・管理」ではなく、庭本来の「手入れ」のあり方を「保護・育成」という観点から実践している、街路樹活動家の第1人者となった福岡 徹さん(秋田県能代市)の実例を紹介。これまでの切り詰めるといった教条的技法ではなく、自然の山野から得た発想を基に理論化し、何よりも雪国、秋田で打ち立てた「福岡流庭の手入れ作法」の一端をご覧ください。

写真＝Oさんの庭（秋田県秋田市内）作庭＝福岡 徹

木を植え育み守る

Oさんの庭（秋田県秋田市内）
里山に迷い込んだような空気感と木洩れ日が美しいこの庭も、人の手で植えられた樹木と草木が中心

伊藤さんの庭（秋田県能代市内）
既存樹の木かげを活かした改造の庭。樹木に新たな役を持たせ、木が生きてきた時間を継続させることも、庭を育み守ることにつながる

大きく生長した樹木を、自然な形に保ちつつ支障の無い空間に伸ばしていく

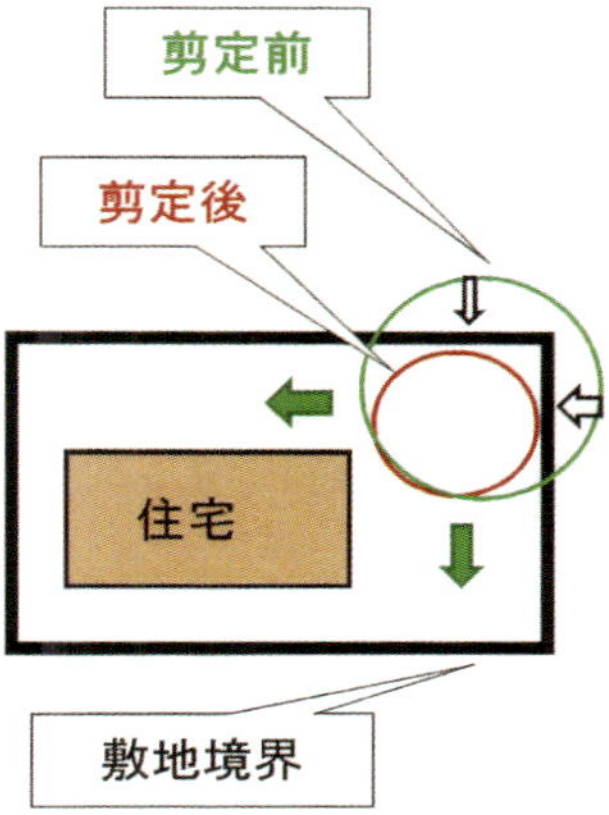

平面図

剪定前

◎境界線にある２階より高いサクラの病害枝を除去しやすいように樹高を下げる

◎越境する枝を敷地内におさめる。

＊剪定前にどの枝を切り詰めるか、目安を付けておく（赤線）

剪定中

◎自然形を保つように枝の付け根で切って小枝を残し、樹冠のアウトラインを決める

＊木に登れば全体観が分からないので、地上にいる者から指示を受けると作業がしやすい

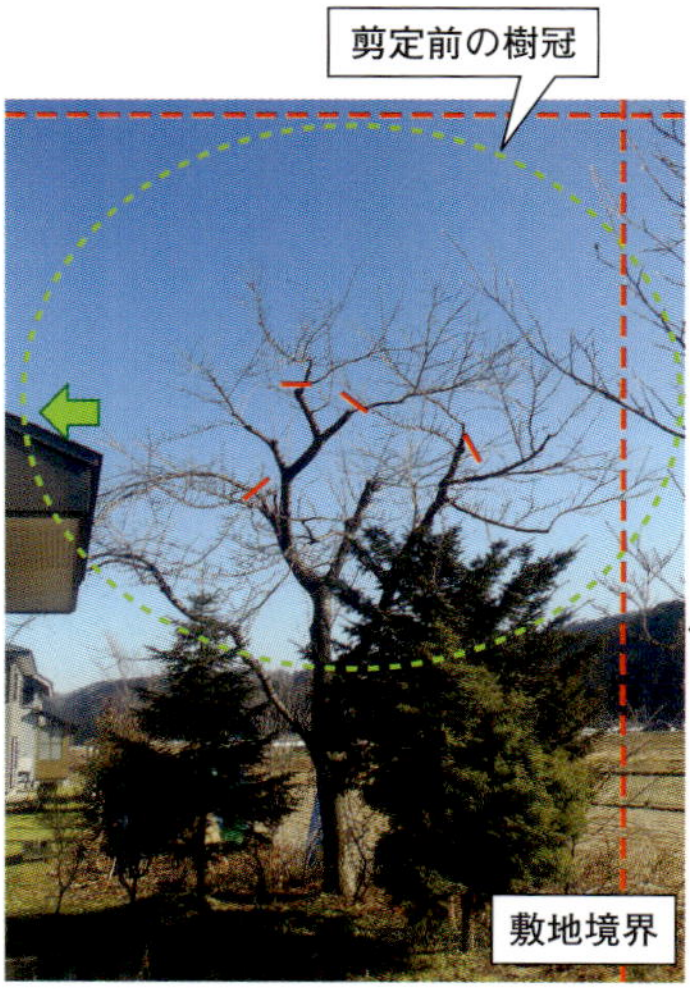

剪定後

◎一度に枝を切り過ぎると樹木が異変を起こすため、切る量を全体の1/3～1/5程度に留め制限をする

＊一度に急激に縮小するのではなく、数年をかけて段階的に行うことが大切

◎上部や側面の枝を切り詰めた代わりに、支障を起こしていない枝はそのまま残す。以後、そうした枝を伸ばせる空間に広げていく

人はなぜ、庭に木を植えるのか

生物が息づく、森の生態系

潜在的意識の覚醒

原生林に身を置くと、木々や水辺から動物たちの息づかいが聞こえてきます。自然界の樹木は生態系という世界で暮らしていますが、生態系は動植物が共棲し、一生を繰り返す悠久の場所。

今、庭になぜ木を植えるのかを考えてみましょう。庭だから木を植えるのか、それとも木を植えるから庭になるのか。愚問に思えますが、これを曖昧にすると庭の手入れへの意識は低下していきます。

現代人が庭に木を植えたくなるのは、森で暮らしていた頃の原始の記憶が蘇るからだという説があります。人は無意識のうちにも、緑の中で暮らしたいという欲求を、潜在的に抱いているというのです。

多種類の木を「こんもり型」に寄せ植えし、枝が放射状に外へと向かうように植えた例。植え付け時から「林冠」を形成させているが、剪定で形を整えると徒長を誘発して樹形を乱すため、林冠に合わせた樹木を選んで植えている

枝や幹が内から外へと向かい、こんもりとした形になる森の姿

いつの日か、庭が森になることを願い、家族で小さな苗木を植える。１０年２０年先の姿を楽しみに、樹木の生長に愛情を注いでいく

この状態を骨組みとして、上空に林冠を生長させていく。樹木が個々の個性を生かして伸びていけるよう、できるだけ剪定しなくてもいい状況を、植え付け当初につくっておくと、手入れにあまり手が掛からなくなる

自然界のルール

庭で命の息吹を感じるものといえば、四季折々に変化を見せる樹木や草花。こうした庭の植物の故郷も自然界で、彼らの先祖も生態系の一員でした。生態系を植物に限定して見る概念に「植物群落」がありますが、この言葉には「一定範囲で関連し合いながら生きている植物の個体群全体」、「一つのまとまりを持って生活している数種類の植物の集まり」という意味があります。

これはまさに庭のことで、ちょっと違うのは、自然発生的な集まりである群落に対し、庭は持ち主や作り手に選ばれた木の集まりであるということ。「まとまりを持つ」ということは、多くの植物がまとまるためのルールがあるという

空間に生長させる手入れ。枯枝と歩行に障る枝のみを剪定、木をのびのびと生長させる

８年後のようす

ことですが、それが「自然の摂理」であり、自然界の法則ということになります。

この、「まとまりのある集合体」をわかりやすく示しているのが、野や里にある森の姿です。

森は多様な樹木が集う独立体ですが、「森」という字が示すように、木が集まると、全体はこんもりとした形になります。こうした姿になることにも理由があって、森の外周の木は強風にさらされて背丈が抑えられ、空間のある前方に枝を張らせます。

逆に、風の弱い真ん中辺りは光が差し込みにくいので、木々は下枝を伸ばすことをあきらめて光を受けようと背を高くします。こんもりとした林冠になるのは、木々が、光や風などに環境適応した結

目的を明確にした手入れと剪定の仕方

ドウダンツツジの透かし❶　「木かげをつくる」という役割を果たすために、適度な枝葉を残すように透かした庭。大きな枝抜きは冬に、軽い枝透かしは、芽出しの時期を避け、葉が深緑してから行う

ドウダンツツジの透かし❷
樹高１ｍの木を植え、上部を切り揃えずに伸ばしたことから８年で倍の高さになり、目隠しの役を果たすようになった。右手上部にあるブナの枝のおかげで木自身が自己調節を行い、なだらかな稜線を描いている。前後の側面は剪定しても上部には手を付けないため、樹木の養分生成を確保できていることが、よけいな徒長を起こさせない。剪定量を「加減」しながら、「足して」いく手入れ

ドウダンツツジの透かし❸
生垣が落葉した姿。刈り込みは行わず、枝先を切らない「透かし」を施しているため、ドウダン本来のやわらかな枝ぶりになった

病気で上半分が枯れたツリバナの木を、後から生えてきた実生のヤマモミジが包み込み、樹勢の弱まったツリバナを風から守っている。ツリバナには手を入れずに見守り、モミジはツリバナを守れるように上方に伸ばしつつ、ツリバナに障っていく枝のみを剪定

(右)玉刈りのドウダンツツジは枝数が多いため、雪が載ると裂けやすい

(左)玉刈りのドウダンを枝抜きしながら伸ばし、雪を受け流せるように伸びやかな樹形に導く（４年目）

果。そしてこの状態は、森の木には生えた場所での役割があるということで、外側の木々は風から森の懐を守り、内側の木々は強い日差しや雪から林床の植物を守っているのです。加えて、樹木は風や日照、水気に対する耐性がそれぞれ違うので、その特性に合う場所に自然に生えます。

　そうした中で、樹木は周りの木々と共生するために、お互いが枝を伸ばす空間を分け合っています。この姿を見ているとまるで意思をもたない樹木だと思われていたのが、実は知性をもっているように感じてなりません。これなどは、樹木同士が平和に暮らすためのルールが働いた姿であるといえるでしょう。

特性と役割を考えた手入れ

　生態系は、長い時間の中で淘汰や交代を繰り返し、そこに生える樹種も変化していきます。天変地異や人間の開発が無い限り、群落を乱すような異分子が侵入することもなく、穏やか営みが継続されていきますが、人が自由に樹種を選べる庭は、生まれも育ちも性格も違う初対面の木々たちが、突然一つ屋根の下で暮らし始めるようなもの。見ず知らずの木同士が共に暮らしていくためにはルールや方針が必要で、それをつくるのは木を植える人の仕事です。

　樹木の適性や特性に合わせた「棲み分け」を考え、植えた後は、木々が順調に「空間の分け合い」を行っていけるような生育を手伝ってあげる。それが「庭の手入れ」で

日照不足等、自然淘汰で起こる枝枯れは、剪定位置や角度を教えてくれる

幹すれすれに切ると、幹内部まで腐食が進行し、空洞化の原因になる

枝を切り残す角度が違うと癒症組織（カルス）の再生を阻み、切り口が塞がらない

樹木が傷口をふさげる位置と角度で剪定

切り直し後、樹皮と同系色の墨汁を塗り、切り口を目立たないようにする

剪定１年後、カルスが１㎝程度巻いてきた状態

剪定３年目、カルスの幅が３㎝程度まで生長したようす

適正位置で切り、傷口が塞がった、枯れ下がりを起こした切り口（○印の部分）

すが、森の木々に役目があるように、庭の木々にも目隠しや見通し、風よけや日よけなど、庭で与えられた役割があるので、それを果たせるような姿に導いてあげることが大切です。ここで、「手入れ」の意味を考えてみると、「手入れ」の「手」は「掌（たなごころ）」ともいい、「手の心」という意味。よく「手心を加える」といいますが、「手心」は「手加減」という意味で、樹木の手入れには「加減」が必要だということ。

　手入れは「剪定」と同義で使われますが、「剪定」は「刃物で枝を切る」行為で、手入れには切らずに生長を「見守る」という方法もあり、木々に触れ、声を掛けてあげることも手入れのうちです。「手加減」の「加減」は「足し引き」の

生き物と人が共生する庭

こんもりとした群落を広げて大きな森に導き、外の景色へと繋げていく

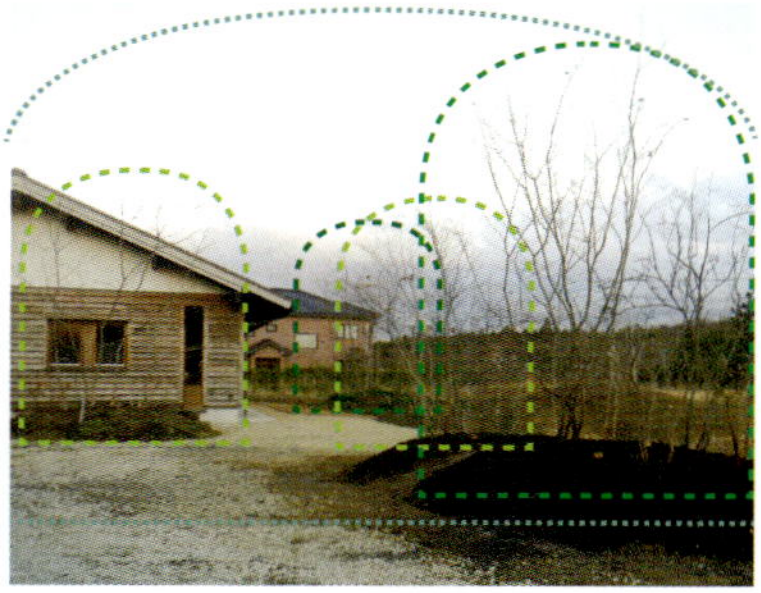

大小の群落を点在させて景観を展開、大きな空間を持つ

ことで、「引く（切る）」ばかりではなく「足す（伸ばす）」ことも考えながら、「樹木の理」に合わせた手入れを行います。

森の中では、落雷や寿命で大木が一生を終えます。そうした時、林床に隠れていた種が一斉に芽吹き、大木の代わりになろうと生長します。

これは庭の中でも同様で、大きな木が枯れた時などは、手前の木を伸ばしたり左右の木の枝を張らせたり、森の木が空間を復元していくような育成法が肝要です。

生態系は進化するものなので、生長を促すことも大切。同じ形や大きさを維持し続けることが庭や木のためになる、というわけではないので、庭に合った「足し引き」を考えていくことが大切です。

自然界と繋がる庭

自然界は、多くの群落が連続する緑の回廊ですが、個々の庭も、街なかにある一つの群落。その外に街路樹や公園があればそれも群落として捉え、それらが繋がれば街全体が森になります。

山の森と街の森が繋がれば、人がつくった森と自然界の森が繋がって、山から飛んで来た鳥が庭や街路樹伝いに遊びに訪れる。野鳥がのびのびとした庭の枝に止まり、蛙が水辺で居心地よさそうにしていれば、生き物たちが、庭を『棲める環境』だと認めたことになります。

そうなった時に、庭は人と動植物が共々に暮らせる生態系になり、本書のもう一つの狙いである楽園となるのでしょう。

庭がエコライフを後押しする

時代の欲求に即した暮らし方を見極めるのは難しい。判断の基準は、他を犠牲にして成立する消費文明から持続可能な文明に根ざしているかどうかだろう。たとえば低燃費のハイブリットカーや水素から電気を得る燃料電池車の登場。ところが、太陽光発電のメガソーラーの急増は、筆者には時代性を利用した強欲なビジネスにしか思えない。しかも山間部の森を伐開してまでの設置は本末転倒で、環境と景観の大破壊でしかない。

ソーラーパネルといえば聞こえはいいが、やはり先人から引き継いできた景観と光合成の場を壊してまでの設置には反対。何かと引き換えた犠牲の上に成立するのはもはやエコではなく、ビジネスという名の下に隠れた「エゴ」である。だからこそ他者を犠牲にしない持続可能な文明を探りたい。

その意味でいえば、日々の暮らしを送るすまいに木を植えるのは持続可能だ。陽の光を遮る木かげが、気温の上昇を抑える。この木かげを点から線に、線から面にして都市の微気候を新たに創り出していけるのだ。

そしてその風景はといえば、森の中に家があるように見えるだろう。さらに夏になれば頻繁に起こるゲリラ豪雨も緩和できる可能性もある。それは大空と大地がストレートに繋がり水の循環をも取り戻せるからだ。

今、除草が面倒、疲れるからと人工芝を貼り付けたガーデンを多く見るようになった。これでは大地をゴムシートで覆うようなもので、窒息しかねない。木を植えれば落葉掃除が大変だから人工物を立てればいい、と考える人もあろう。しかしその素材が化石燃料を原料にしたものでは本末転倒。

葉の蒸散作用で気化熱が生じ、一定の温度を保つのが植物。しかも地下部では雨水をプールできる。他に数えればたくさんのメリットがあるのが樹木。その恩恵は人のみでなく、小動物にまで及ぶ。

二本の木で林。複数の木を植えれば森となる。人の心しだいで庭が森となり、やがて楽園と化す。

執筆協力者のよこがお

水から始まる庭暮らし

大北 望（おおきた・のぞむ）
株式会社 大北美松園 代表
一九四九年、兵庫県生まれ
〒六七二-八〇一四
兵庫県姫路市東山八四-八
〇七九-二四五-二二四八
ohkita-bishoen@nifty.com
http://www.ohkita.jp

山田祐司（やまだ・ゆうじ）
みつばち造園 代表
一九七四年、新潟県生まれ
〒三四九-〇二〇四
埼玉県白岡市篠津二〇九九-一
〇四八〇-九二-八三三七
mitubachi.zo-en@s5.dion.ne.jp
http://www.k3.dion.ne.jp/~zo-en328

松葉英太郎（まつば・えいたろう）
はなぶさ庭縁 代表
一九六九年、大阪府生まれ
〒五三三-〇〇二二
大阪市東淀川区大道南二-一-一五
〇六-六三二七〇-四五一一
info@hanabusateien.jp
http://www. hanabusateien.jp

木かげのある暮らし

久富正哉（ひさとみ・まさや）
久富作庭事務所 代表
一九五一年、佐賀県生まれ
〒八八〇-二二一二
宮崎市高岡町
下倉永一二〇〇-一七七
〇九八五-八二-一〇七七
hisatomi.mail@gmail.com

http://www.zoukinoniwa.net

暮らしの中の石積と敷石

鈴木富幸（すずき・とみゆき）
鈴木庭苑 代表
一九六五年、愛知県生まれ
〒四四四-〇一一七
愛知県額田郡幸田町
相見字北鷺田一〇六
〇五六四-六二-四六〇五
zenami@s-teien.com
http://www. s-teien.com

住田孝彦（すみた・たかひこ）
作庭処 孝久苑 代表
一九六二年、愛知県生まれ
〒四四五-〇〇七五
愛知県西尾市戸ヶ崎五-九-四

〇五六三‐五七‐〇二八八
kogen@yahoo.co.jp
http://www. kogen.com/

すまいに土の風合を

高橋良仁（たかはし・よしひと）
有限会社庭良　代表
一九五四年、埼玉県生まれ
〒三三九‐〇〇二二
さいたま市岩槻区
南下新井八五六‐三
〇四八‐七九八‐四八八六
niwayoshi@pure.ocn.ne.jp

河手伸紀（かわて・のぶき）
金光園　代表
一九七三年、岡山県生まれ
〒七一九‐〇一一一
岡山県浅口市金光町
大谷二三一五‐五
〇八六五‐四二‐二四三八
konkoen@icloud.com

山際大地（やまぎわ・たいち）
やまぎわ夢創園　代表
一九七四年、埼玉県生まれ
〒三五〇‐二二〇六
埼玉県鶴ヶ島市藤金一九二‐五八
〇八〇〇‐九一九‐〇二八八
フリーコール
musouen@uekiyasan.net
http://www .uekiyasan.net

庭に木の温もりを

真子司朗（まご・しろう）
香林　代表
一九四七年、宮崎県生まれ
〒八八〇‐〇九五一
宮崎市大塚町横立一四九九‐六
〇九八五‐五三‐三七六七
kourinmago1928@yahoo.co.jp
http://sky.geocities.jp/kourinmago/

庭暮らしの草花たち

小畑栄智（おばた・よしのり）
よっちゃんの庭工房　代表
一九七七年、宮城県生まれ
〒九八九‐〇二七五
宮城県白石市字本町十一
〇二二四‐二六‐六三八〇
yocchannoniwakoubou@major.ocn.ne.jp
http://www.yocchannoniwakoubou.com

庭師の道具たち

清水亮史（しみず・りょうじ）
有限会社Garden Factory創都代表
一九七二年、京都府生まれ
〒五六七‐〇〇四七

大阪府茨木市美穂ヶ丘一一-三五
〇七二-六四五-八八二八
souto-garden@ares.eonet.ne.jp
http://www.souto-garden.com

米山拓未（よねやま・たくみ）
株式会社米山庭苑　代表
一九七二年、神奈川県生まれ
〒二三六-〇〇三五
横浜市金沢区大道一-八〇-三
〇四五-三六七-九八三五
info@yoneyamateien.jp
http://www. yoneyamateien.jp

庭の明かりを探る

坂本拓也（さかもと・たくや）
庭やサカモト　代表
一九七三年、岡山県生まれ
〒七〇一-〇三〇四
岡山県都窪郡早島町
早島二七九三-四
〇八六-四八二-〇三〇〇
s.garden@coffee.ocn.ne.jp
http://www.sakamoto-garden.com

坂本利男（さかもと・としお）
有限会社坂本造園　代表
一九六八年、山口県生まれ
〒七五四-〇八九一
山口市陶糸根六五-一
〇八三-九八六-二五〇五
sakamotozouen@msn.com
http://www.sakamotozouen.com/

庭暮らしの雑貨たち

谷中 松野屋
〒一一六-〇〇一三
東京都荒川区西日暮里
三-一四-一四
〇三-三八二三-七四四一
営業時間：十一時〜十九時
（土・日・祝日は十時〜十九時）
定休日：火曜（祝日は営業）
最寄駅＝ＪＲ山手線日暮里駅から徒歩三分。東京メトロ千駄木駅より徒歩七分
info@yanakamatsunoya.jp
www.yanakamatsunoya.jp

庭を育み守る

福岡 徹（ふくおか・とおる）
福岡造園（代表＝福岡哲美）
一九六三年、秋田県生まれ
〒〇一八-三一二三
秋田県能代市二ツ井町
駒形字家の前三八
〇一八五-七五-二〇三三
niwaya@shirakami.or.jp
http://fukuokazouen.biz/

あとがき

本書の編集が佳境を迎えた頃、日本中がリオ五輪に沸き返っていました。過去最多のメダルラッシュに胸が熱くなるシーンの中でも、特に柔道男子の全階級におけるメダル獲得は、前回のロンドン大会が金メダルゼロだっただけに喜びは大きかった。また、陸上男子の四〇〇Mリレーでの銀メダル獲得にも感動させられました。

現在、国際柔道連盟に加盟するのは二〇〇カ国・地域。しかも各国の格闘技をベースに独自に進化し、本家本元の日本人選手ですら勝つのは容易でないほど、現代の柔道は大きく変わりました。この変化を受け入れ、トレーニングの質と量のすべてを見直したそうです。一方、陸上の四〇〇Mリレーにおいて、体格で劣る日本人の走りをバトンパスの技術で補ったことは、日本人の勤勉さと研究開発の熱心さを世界中に知らしめたようです。

次元は異なりますが、庭もかつての柔道のように「本家」という面目に固執していたら、変化は受け入れられないでしょう。『『変化できるものだけが生き残れる』と改革を断行した」とは、柔道の井上康生監督の言葉（毎日新聞八・十三付）です。庭の世界でいえば、本家本元の「庭づくりの流儀」といった面目を捨て、内向きから外向きにと思考を切り替えれば、「山暮らし」「田舎暮らし」に次いで「庭暮らし」が新たに加わるかもしれません。

最後に、現場で培った技法を惜しみなく開示された十六人の執筆協力者のみなさん、そして雑貨を提供して下さった松野屋さん、さらに本書の版元である建築資料研究社出版部の松本智典さんには、ご多忙の中、大変にお世話になりました。深く御礼申し上げます。

平成二十八年九月十七日　豊藏　均

■ **豊藏 均**（とよくら・ひとし）
1955年 、千葉県生まれ。

隔月刊誌『庭』前編集長。

株式会社創庭社 代表取締役。

一般社団法人 日本庭園協会評議員。

1977年、季刊誌『庭・別冊』企画・編集の龍居庭園研究所（主宰・龍居竹之介）入所。

以来、同誌の取材を通じて全国の庭を目にし、作庭者と交流を結ぶ。

2009年9月、創庭社設立、隔月刊誌『庭』編集長就任。

2013年7月、フリーの編集者となり現在に至る。

■ **雑誌以外の主な仕事**
『ガーデン・テクニカル・シリーズ』6巻（企画・制作＝龍居庭園研究所）の企画・編集を担当。

『大北 望 庭園作品集　水と庭の精神』

『現代 ニッポンの庭　百人百庭』（いずれも建築資料研究社発行）

庭暮らしのススメ　失敗しない庭づくり

発行日　平成28年10月20日　初版第1刷

編著者　豊藏 均
発行人　馬場栄一
発行所　株式会社 建築資料研究社
〒171-0014
東京都豊島区池袋2-38-2　COSMY-1 4F
http://www2.ksknet.co.jp/book/
電　話　03-3986-3239
FAX　03-3987-3256
装丁・デザイン　株式会社マップス
印刷・製本　大日本印刷株式会社

ISBN 978-4-86358-441-9